Inhaltsverzeichnis

Zweihundert Jahre im »freien Grund«

Jedes Jahr blüht im Schlosspark von Pillnitz eine besondere Rarität: die größte und älteste Camellia japonica nördlich der Alpen. Nach neueren Forschungen ist es sogar wahrscheinlich, dass es sich um die älteste Kamelienpflanze Europas handelt. Im Winter durch ein eigenes Glashaus geschützt, hat sie alle Wirren der Zeit und selbst einen Brand überstanden. Die kleinen karminroten Blüten des Baumes wirken vor allem durch ihre gewaltige Zahl. Von der Pracht vieler Gartensorten der Art vermitteln sie kaum eine Vorstellung.

Die ursprünglich aus Asien stammenden Kamelien fanden auch in Europa schnell Liebhaber. Im 19. Jahrhundert entwickelte sich eine regelrechte Kamelienmode. Das Interesse an allem Fernöstlichen und die Vorliebe für Verfeinerungen schufen dafür gute Voraussetzungen. Doch noch eine Eigenart machte Kamelien begehrenswert: Bereits im Winter und im Frühjahr, wenn andere Blumen selten sind, stehen sie in voller Blüte.

Die Entwicklung der europäischen Kamelienkultur ist eng mit dem Dresdner Anbaugebiet verbunden. Alljährlich exportierten die Gärtnereien der Stadt hunderttausende Exemplare.

Die Kulturgeschichte der Kamelien umfasst so auch ein Stück Regionalgeschichte. Grund genug, an die Begeisterung für die exklusiven Pflanzen und das wechselvolle Schicksal der Pillnitzer Kamelie zu erinnern.

Abb. 3 Das Glashaus schützt die Pillnitzer Kamelie im Winter.

Abb. 4 Der Kamelienbaum im Schlosspark Pillnitz.

◄ Abb. 1 und 2 Blüten des Kamelienbaumes im Schlosspark Pillnitz.

Abb. 5 Hiroshige Ando, Sperlinge und Kamelien im Schnee, Farbholzschnitt, 1830.

Die Heimat der Kamelien

Die Heimat der Kamelien ist Ost- und Südostasien. Hier, in den Subtropen, wachsen die meisten der über 250 beschriebenen Arten. In weiten Teilen Chinas, auf den japanischen Inseln, in Korea, Laos, Kambodscha und Vietnam gehören sie zum Landschaftsbild. Im Frühjahr und während der ersten Sommermonate herrscht in diesen Gegenden eine hohe Luftfeuchtigkeit. Im Spätsommer und Herbst ist es heiß, sonnig und trocken. Im Winter schneit es gelegentlich. Unter günstigen Bedingungen bilden einige Kamelienarten Sträucher und Bäume bis zu 15 Metern Höhe.

Gedicht aus der Ming-Dynastie (1368 – 1644)
Zitiert nach: Durrant, Tom: The Camellia Story, Auckland 1982 (ins Deutsche übersetzt von Christine Künzler)

Der Frühling kommt
in den ersten Monden
des Jahres in Yunnan.
Die Kamelienbäume blühen
übertreffen in Fülle und Schönheit
Aprikosen und Pfirsichblüten.
Und schmücken den hübschen Garten
lassen alles erglühen
wie rote Wolkeninseln.

Kamelienkultur in China und Japan

Bereits lange bevor Kamelien in die europäischen Gewächshäuser gelangten, wurden sie in chinesischen und japanischen Gärten kultiviert. Im Umkreis buddhistischer Tempelanlagen und Klöster existieren noch heute uralte Kamelienbäume. Während man in China die Gartensorten mit gefüllten Blüten bevorzugte, verhielt es sich in Japan umgekehrt. Die Samurai sahen in den roten Blüten der Camellia japonica ein Sinnbild für den Tod und die Vergänglichkeit des Lebens. Nach der Auffassung vieler Japaner symbolisieren die einfach blühenden Formen Werte wie Freundschaft, Eleganz und Harmonie.

Die hohe Wertschätzung, die Kamelien in ihren Heimatländern seit Jahrhunderten genießen, zeigt sich auch in der Kunst. Chinesische und vor allem japanische Maler haben die Pflanzen auf Wandschirmen, Rollbildern und in speziell angefertigten Dokumentationen verewigt. Auf Kimonos, Teppichen, Porzellanen und anderen Gebrauchsgegenständen findet sich eine Vielzahl von Kamelienmotiven. Die ersten japanischen Gedichte, in denen Kamelien eine Rolle spielen, sind etwa 1200 Jahre alt.

Abb. 6 Kamelienmotive auf zeitgenössischen japanischen Briefmarken.

Abb. 7 Kamelienmotiv auf einer zeitgenössischen chinesischen Briefmarke.

Abb. 8 Suzuki Harunobu, Besuch beim Blumenstecken (in der Vase Pflaumenblüte und Kamelie), Farbholzschnitt, um 1768.

Kamelien als Nutzpflanzen

Die ökonomisch wichtigste Kamelienart ist die Teepflanze, Camellia sinensis. Tee war in China und Japan lange vor den Kontakten mit europäischen Seefahrern bekannt. Seit dem 17. Jahrhundert hat sich die Sitte des Teetrinkens über die ganze Welt verbreitet. Bei der japanischen Teezeremonie schmückten Kamelienblüten und -zweige die Räume.

Kamelien wurden und werden zu verschiedenen Zwecken genutzt. Das aus ihren Samen gewonnene Öl diente zum Kochen sowie als Rostschutz- und Schmiermittel. Die Rinde der Wurzel galt als Arznei gegen Durchfall. Da das Holz der Pflanzen sehr hart ist, bestehen kunstgewerbliche Gegenstände in Japan und China nicht selten aus Kamelienholz. Außerdem ist das Holz ein sehr gutes Heizmaterial und eignet sich ausgezeichnet zur Herstellung von Holzkohle.

Auch bei der Produktion verschiedener Kosmetikprodukte wird Kamelienöl eingesetzt. Schon George Meister, ein Dresdner Gärtner und Weltreisender des 17. Jahrhunderts, berichtete von der Sitte »japponischer Frauenzimmer«, sich mit wohlriechendem Kamelienöl das Haar zu pflegen.

Shiseido, einer der größten Kosmetikkonzerne der Welt, führt ein stilisiertes Abbild der Pflanze als Firmenzeichen, wofür das von dem Unternehmen vertriebene Kamelienhaaröl den Anstoß gab.

Bestimmte Inhaltsstoffe der Kamelie besitzen eine Pilz bekämpfende und Tumor hemmende Wirkung. Für die Entwicklung von biologischen Pflanzenschutzmitteln und von Medikamenten zur Heilung von Krebserkrankungen sind diese Eigenschaften hoch interessant. Wissenschaftler verschiedener Forschungseinrichtungen, darunter Angehörige der Technischen Universität Dresden, beschäftigen sich mit entsprechenden Untersuchungen.

Abb. 9 Ichirakutei Eisui, Die Kurtisane Hanamurasaki – genannt das »Blühende Veilchen« (in der Hand eine Kamelienblüte haltend), Farbholzschnitt, um 1800.

Abb. 10 Unbekannter Künstler, Kamelienblüten, Japan, Wasserfarben, um 1700.

»Arbor Zuwacky oder Sansanqua auf Chinesisch. Ist ein kleiner Baum, 6 bis 8 Fuß hoch, hat dicke, steife rundum gekerbte Blätter wie Birn-Baum-Blätter. Seine Blumen sind rot wie Malva hortensis, einfach und duppelt. Wenn sie 6 Tage geblühet, fallen sie ab und bringen einen schwarzen Samen, wie Tee-Samen, herfür. Die Zweige sind aschgrau, ausbreitend von ihrer Wurzel. Von dem getrockneten Samen schlagen sie ein Öl ab, mit welchem, wegen guten Geruchs, das japponische Frauenzimmer ihre langen schwarzen Haare schmieren, desgleichen auch die Jünglinge von 15 bis 16 Jahren, ehe sie ihr Haar abscheren lassen, welches man in ihrer Sprache Wackassy heißet. Die Blätter fallen ab und kommen mit dem Frühling samt ihrer Blüte wieder herfür.«
George Meister, Der Orientalisch-Indianische Kunst- und Lust-Gärtner, Dresden 1692

»Es gibt hier, in Vergleichung anderer Länder, ungewöhnlich mancherlei wilde Pflanzen von wunderschönen Blumen und Blättern, womit sie zu gewissen Zeiten die wüsten Felder und Bergwälder zieren; und welche sie auch in die Gärten verpflanzet, und durch die Cultur zu mehrerer Vollkommenheit gebracht haben. Die vornehmsten derselben sind: Tsubaki, eine große Staude mit Rosenblumen, welche sich in Hecken und Wäldern findet. Durch Pfropfung entstehen viele seltene Arten und man hat bei dieser namenreichen Nation, wie man vorgibt, 900 Namen ihrer Varitäten.«
Engelbert Kaempfer, 1777

Abb. 11 George Meister, Kupferstich von Moritz Bodenehr nach Adam Battlowsky, 1691.

Abb. 12 Apothekerschränkchen, Holz, Metallbeschläge, Lack / Golddekor (Dekor unter anderem Kamelien »tsubaki«), Japan, frühes 18. Jahrhundert.

Abb. 13 Namban-Kabinettschrank, Holz, Metallbeschläge, Perlmutt, Lack / Gold- und Silberdekor (Dekor unter anderem Kamelien »tsubaki«), Japan, für den europäischen Bedarf hergestellt, um 1600.

Es waren Portugiesen, die den Kontakt zwischen Europa und den Ursprungsländern der Kamelie knüpften. In der ersten Hälfte des 16. Jahrhunderts errichteten sie Niederlassungen an der chinesischen und japanischen Küste. Wahrscheinlich haben die Besatzungen dieser Stützpunkte schon damals Kamelien kennengelernt. In Japan existiert eine Mariendarstellung mit einer weißen Kamelienblüte. Das Bild gehörte christlichen Missionaren, die ursprünglich aus Portugal kamen. Es wird auf ein Alter von über 400 Jahren geschätzt.

Auch auf dem Gebiet des Kunsthandwerks war die Kamelie ein beliebtes Motiv, unter anderem auf ostasiatischen Lackmöbeln und Porzellan.

Europäer erforschen die asiatische Pflanzenwelt

Die systematische Erforschung der asiatischen Pflanzenwelt begann in den achtziger Jahren des 17. Jahrhunderts. Vor allem holländische, deutsche und englische Naturforscher machten nun immer neue Arten in Europa bekannt. Der in Kassel geborene Andreas Cleyer (1634 – 1698) und der ihm unterstellte George Meister (1653 – 1713) waren die Ersten, die umfassender über japanische Pflanzen berichteten. In dem von George Meister 1692 publizierten Reisebericht »Der Orientalisch-Indianische Kunst- und Lust-Gärtner« findet sich auch eine Beschreibung der Kamelie. Ein Jahrzehnt später, im Jahr 1702, veröffentlichte der englische Apotheker und Botaniker James Petiver (um 1658 – 1718) eine Abbildung der Camellia japonica. Petiver, der selbst nie aus England herausgekommen war, stützte sich bei seiner Arbeit auf die Exemplare eines Herbariums. Sie stammten aus dem Besitz

Abb. 14 Unbekannter Künstler, Camellia Wallnerii, kolorierter Kupferstich, 1835.

des schottischen Mediziners und Chinareisenden James Cunninghame (um 1662–1709). Die kleine Kamelienzeichnung gilt als die früheste Darstellung der Pflanze in Europa.

Eine weitere Abbildung und Beschreibung der Camellia japonica verdanken wir Engelbert Kaempfer (1651–1716). Der deutsche Naturforscher hatte als Arzt große Teile Asiens kennen gelernt. Sein 1712 erschienener Reisebericht »Amoenitates Exotica« enthält über 30 Pflanzenporträts. Neben der Camellia japonica beschrieb Kaempfer auch die Camellia sasanqua und die Camellia sinensis, den Teestrauch.

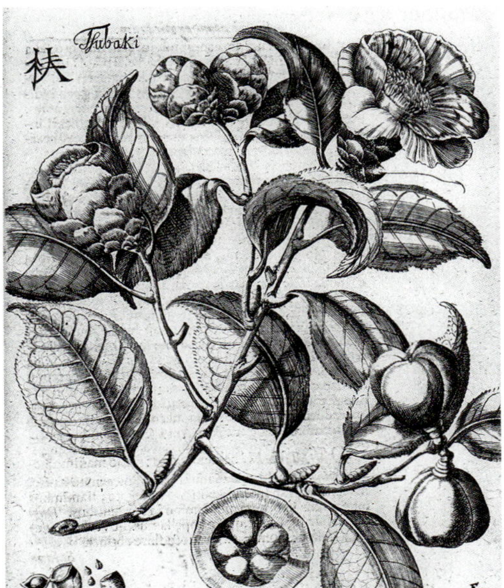

Abb. 15 F. W. Brandshagen (FWB), Camellia japonica (Tsubaki), Kupferstich, 1712.

Abb. 16 Moritz Bodenehr, George Meisters Orientalisch-Indianische Lust-Gärtner, Kupferstich, Dresden 1692.

Der Weg nach Europa

Die ersten Kamelien sind aus China nach Europa gelangt. Angeblich haben portugiesische Seefahrer sie im 16. Jahrhundert importiert. Noch immer wachsen in Portugal sehr alte Kamelienbäume. Über ihre Herkunft existieren widersprüchliche Meinungen.

Im Jahr 1745 veröffentlichte der Engländer George E. Edwards (1694 – 1773) eine Naturhistorie der Vögel. Auf einer kolorierten Zeichnung in dem gleichnamigen Buch ist ein Fasan mit einem Kamelienzweig abgebildet. Edwards hatte die Pflanze in den Gewächshäusern von Lord Petre in Thorndon Hall, Essex, gezeichnet. Petre besaß 1739 zwei Exemplare: eines mit roten und eines mit weißen Blüten. Da der Lord bereits in jungen Jahren an Pocken starb, konnte nie geklärt werden, wie er zu den Kamelien gekommen war.

Noch wichtiger ist eine andere Geschichte: Tee kostete früher ein Vermögen. Deshalb versuchte man, lebende Teepflanzen nach Europa zu bringen und zu vermehren. Die wenigen Exemplare, die die lange Seereise überlebten, waren oft keine Teepflanzen, sondern Kamelien. Ob sich die Verwechslungen zufällig ergaben oder das von den Chinesen sorgsam gehütete Teemonopol geschützt werden sollte, bleibt im Dunkeln. Sicher ist, dass Kamelien ab der zweiten Hälfte des 18. Jahrhunderts in verschiedenen europäischen Gewächshäusern – so in London, in Uppsala und im Schlossgarten von Caserta bei Neapel – gehalten wurden.

»Die älteste Camellie befindet sich zu Caserta bei Neapel im Giardino Inglese. 1760 aus Samen gezogen, Stammutter aller europäischen Camellien. Der Gärtner, der sie gepflegt hat, hieß Joh. Andr. Graser, ein Deutscher. Die Pflanze breitet sich in acht Ästen vom Boden aus, deren stärkster 40 cm Umfang hat. Die Höhe ist 10 m.«
Mitteilungen der Deutschen Dendrologischen Gesellschaft, 1920

»Der Commerzienrath Lagerström war noch glücklicher, zwei angebliche Theestauden in den botanischen Garten zu Upsala zu bringen, die zwei Jahre hindurch ungemein gut fortkamen, und außer daß sie etwas breitre Blätter hatten, den ächten Theepflanzen so ähnlich waren, daß auch der größte Kräuterkundige durch sie hintergangen wurde. Erst mit den Blüten zeigte sich der Betrug des sinesischen Kaufmanns; es war nicht die Theestaude, sondern die Pflanze Camellia, welche man überbracht hatte.«
Christian Wilhelm Dohm, 1777

Abb. 18 Unbekannter Künstler, Der Chinesische Thee, kolorierter Kupferstich, 1818.

◄ Abb. 17 Vase mit Genreszene, Mitte: Kamelienzweige, unten: Felsen und Orchideen, Porzellan, China, 1644 – 1661.

► Abb. 19 Unbekannter Künstler, Camellia Aitoma, kolorierter Kupferstich, 1836.

► Abb. 20 Unbekannter Künstler, Camellia pomponia, kolorierter Kupferstich, 1833.

► Abb. 21 Unbekannter Künstler, Camellia rosea, kolorierter Kupferstich, 1830.

Camellia Aitoma.

Camellia pomponia.

Camellia rosea.

Die Japaner nennen die Kamelie Tsubaki, in China heißt sie Shan-ch'a. Ihren heute international gebräuchlichen Namen erhielt die Pflanze durch den schwedischen Naturforscher Carl von Linné (1707 –1778), der die Grundlagen der modernen botanischen Nomenklatur schuf.

In seinem 1735 erschienenen »Systema naturae« benannte Linné die Pflanzengattung zu Ehren des böhmischen Botanikers Georg Joseph Kamel (1661–1706). Kamel selbst hat die Kamelie nie erwähnt und wahrscheinlich auch nicht gekannt. Nur der Tee dürfte dem jesuitischen Laienbruder vertraut gewesen sein. Tee aber zählte bis 1818 als eigene Gattung.

In den Texten des 18. und 19. Jahrhunderts wird die Kamelie – in Annäherung an den Namensgeber – unterschiedlich geschrieben. Kamel unterzeichnete in lateinischen Briefen als Georgius Josepho Camelus. Darüber hinaus waren Schreibweisen wie Kamel, Camel, Camelus und Camellus verbreitet. Neben dem botanischen Fachbegriff, der unverändert blieb, schrieb man demnach auch Camelie, Camellie, Kamellie oder Kamelie.

Chronik eines Irrtums

Aufgrund der Namensgebung wurde die Einführung der Pflanze häufig Kamel selbst zugeschrieben. Folgt man diesen Berichten, dann wäre der jesuitische Laienbruder wenigstens 78 Jahre alt geworden. Auch ein Mönch ist Kamel niemals gewesen. Um Georg Joseph Kamel und die Kamelie ranken sich zahlreiche Legenden.

»Der Tsubakki-Strauch der Japanaer oder Santsja der Chinesen wurde durch den Pater Georg Jos. Camelli, einem der mährischen Brüder und dann Apotheker in Manilla, im Jahre 1739 in Paris und durch Lord Petre in London eingeführt.«
Chronik des Gartenwesen und Feuilleton der Isis, 1851

»1739 durch den Jesuitenpater Abbé Georg Camelli aus Japan nach Italien gebracht. – 1739 kultiviert durch Robert James, Lord Petre in England. – 1760 im Schloßgarten zu Caserta (Italien)«
Mitteilungen der Deutschen Dendrologischen Gesellschaft, 1920

»Der Jesuitenpater Georg Kamell, der als Missionar auf den Philippinen tätig war, brachte 1730 die Kamellie aus Japan mit. Er übergab sie einem englischen Gartenfreund; aber der hatte kein Glück mit ihrer Kultur.«
Aus dem Reich der Blume, 1934

»Viele Jahre später reiste ein alter Mönch aus Japan nach Europa heim. Die einzige Habe, die er mit sich führte, war ein Blumentopf mit einem blühenden Strauch, den alle Reisegefährten bewunderten. Der Mönch nannte die Blume Dryade, doch die Menschen konnten sich den Namen nicht merken und benannten sie nach ihm – Kamellie.«
Blumenmärchen, 1972

»Georg Joseph Kamel hielt nach seiner Rückkehr 1738 in London in der Royal Society einen Vortrag über Manila und verkaufte zwei Kamelienstauden an Lord Petre. Lord Petre brachte sie in sein Schloß Thorndon Hall, wo der Gärtner sie aus Unkenntnis ins Treibhaus setzte und zu Tode kultivierte. Lord Petre wollte den Tod der Kamelien nicht überleben. Es soll ihm darüber das Herz gebrochen sein, und er starb.«
Kleine Geschichte der Blumen, 1981

Abb. 22 Titel der Erzählung »Camelius« von K. G. Meise.

APPENDIX.
HERBARUM
Aliarumque
STIRPIUM
IN
Inſulâ *LUZONE* Philippinarum
Primariâ Naſcentium,
A Revdo Patre Georgio Josepho Camello, S. J.
Obſervatarum & Deſcriptarum
SYLLABUS:
Ad *JOANNEM RAIUM* tranſmiſſus;
Additis etiam plurimarum *Iconibus*, ab Autore propria manu ad vivum delineatis; quas ob ſumptuum in *Chalcographos* erogandorum defectum impræſentiarum emittere non licuit.

Abb. 23 Georg Joseph Kamel, Appendix Herbarum Aliarumque Stirpium in Insula Luzone Philippinarum, Titelblatt von Kamels Beitrag im Appendix der »Historia Plantarum« von John Ray, 3. Band, 1703.

Georg Joseph Kamel

Der am 21. April 1661 in Brünn geborene Georg Joseph Kamel ist in erster Linie durch die Namensgebung Linnés in Erinnerung geblieben. Seine Leistungen als Apotheker, Botaniker, Arzt und Naturforscher sind kaum bekannt: Nach dem Gymnasium und einer Lehre als Apotheker wurde Kamel Laienbruder der Jesuiten und reiste mit 26 Jahren im Auftrag des Ordens nach Manila. Als Apotheker und Arzt erwarb er sich hier schnell einen hervorragenden Ruf.

Angeregt durch die Korrespondenz mit den englischen Botanikern John Ray (1628 – 1705) und James Petiver (um 1658 – 1718) begann Kamel bereits kurze Zeit nach seiner Ankunft mit der Erforschung der philippinischen Pflanzen- und Tierwelt. Das »Philippinische Herbar«, eine Beschreibung der Pflanzenwelt von Luzon, gilt als wichtigste Arbeit des Botanikers. Die von ihm angelegten Sammlungen, Zeichnungen und Texte schickte er seinen Briefpartnern nach Europa. Allerdings war der Transport des gesammelten Materials stets risikoreich und eine der Hauptlieferungen des »Philippinischen Herbars« wurde 1698 von chinesischen Seeräubern ins Meer geworfen. Die Sendungen, die England erreichten, konnten bearbeitet und in verschiedenen Büchern Rays und Petivers veröffentlicht werden. Kamel starb am 2. Mai 1706 an einer Darminfektion in Manila. Seine Sammlungen befinden sich im Besitz des Britischen Museums.

Die ersten nach Europa eingeführten Kamelien erregten nur wenig Aufmerksamkeit. Lediglich ein kleiner Kreis von Pflanzenliebhabern wusste von ihrer Existenz. Gegen Ende des 18. Jahrhunderts entstand eine neue Situation. Im Jahr 1792 brachte Kapitän John Connor von der East Indian Company chinesische Kamelien nach England.

Es handelte sich dabei um zwei prächtige Gartensorten der Camellia japonica, die »Alba Plena« und die »Variegata«.

In den folgenden Jahren importierten Kapitäne der East Indian Company weitere Sorten. Entsprechend dem chinesischen Schönheitsideal waren sie meist vollständig oder päonienförmig gefüllt.

Die englischen Gartenliebhaber und Blumenfreunde reagierten mit wachsendem Interesse. Innerhalb kürzester Zeit wurden die Pflanzen einem breiteren Publikum bekannt.

Der hohe Preis und die starke Nachfrage führten dazu, dass verschiedene Besitzer begannen, Kamelien zu kultivieren und eigene Sorten zu züchten. Fast gleichzeitig entwickelten sich hoch spezialisierte Erwerbsgärtnereien. Neben Orchideen und Palmen führten Unternehmen wie Loddiges & Sons oder James Veitch & Sons auch Kamelien im Angebot. Besonders erfolgreich war Alfred Chandler (1804–1896), der die noch heute gehandelte Sorte »Elegants« auf den Markt brachte.

Abb. 24 Oudet nach Johann Jakob Jung, Camellia Alba plena, kolorierter Kupferstich, 1843.

Abb. 25 G. Severeyns nach Léon Bernard, Camellia jaune (Fortune), kolorierte Lithografie, Mitte 19. Jahrhundert.

Camellia variegata fol. aureis.

Neue Arten und Sorten

Der unvorstellbare Pflanzenreichtum Asiens wurde erst ab dem 19. Jahrhundert wirklich bekannt. Immer erstaunlichere, nie gesehene Exoten erreichten nun die europäischen Metropolen, erregten Neugier und wissenschaftliches Interesse. Berühmte Pflanzenforscher und Botaniker wie Philipp Franz von Siebold (1796–1866) und Robert Fortune (1812–1880) riskierten nicht selten ihr Leben, um neue Pflanzen, darunter Kamelien, ausfindig zu machen. Auch der Transport des gesammelten Materials war noch immer schwierig und gefahrvoll.

Bei den in Europa kultivierten Kamelien handelte es sich zunächst fast ausschließlich um Gartensorten der Camellia japonica. Andere Arten gelangten nur allmählich in die europäischen Gewächshäuser und gerieten zum Teil wieder in Vergessenheit. Vor allem George Forrest (1873–1932) hat sich bei der Suche nach weiteren Kamelienarten bleibende Verdienste erworben. Von seinen gefahrvollen Expeditionen in die wilden Berglandschaften Chinas brachte er unter anderem die Camellia reticulata und die Camellia saluenensis nach England.

Nur wenige Autoren, wie William Curtis (London) und Johann Christoph Wendland (Hannover), verwiesen schon im letzten Drittel des 18. Jahrhunderts auf die gärtnerischen Möglichkeiten der Camellia japonica. Ihre Beiträge bezogen sich auf die einfach blühende Wildform der Pflanze.

Abb. 27 Oudet nach Johann Jakob Jung, Camellia Chandlerii elegants, kolorierter Kupferstich, 1841.

»Sie scheint uns eine für die Cultur im Orangenhause vorzüglich geeignete Pflanze zu sein, wer weiß, ob sie nicht vielleicht in Zukunft ebenso wie Laurus Tinus und Magnolia häufiger cultiviert werden wird. Der hohe Preis, in dem sie bis jetzt steht, hat dies freilich noch nicht möglich gemacht.«
Botanical Magazine, 1788

»Die Pflanze ist mit Recht jedem Besitzer eines Glashauses zu empfehlen, besonders wenn er ihr im Winter einen Platz in einem warmen Hause geben kann, was mit 50 oder 60 Grad nach Fahrenheit 1 geheizt wird. In diesem Fall hat man das Vergnügen, sie um Weihnachten blühen zu sehen. Wird sie gehörig gewartet, setzt sie auch Samen an, welches hier schon einige Jahre der Fall war.«
Taschenbuch für Garten-Freunde, 1799

◄ Abb. 26 Unbekannter Künstler, Camellia variegata fol. aureis, kolorierter Kupferstich, 1830.

► Abb. 28 Titelblatt eines Garten- und Blumenkataloges der Firma James Veitch & Sons, 1886.

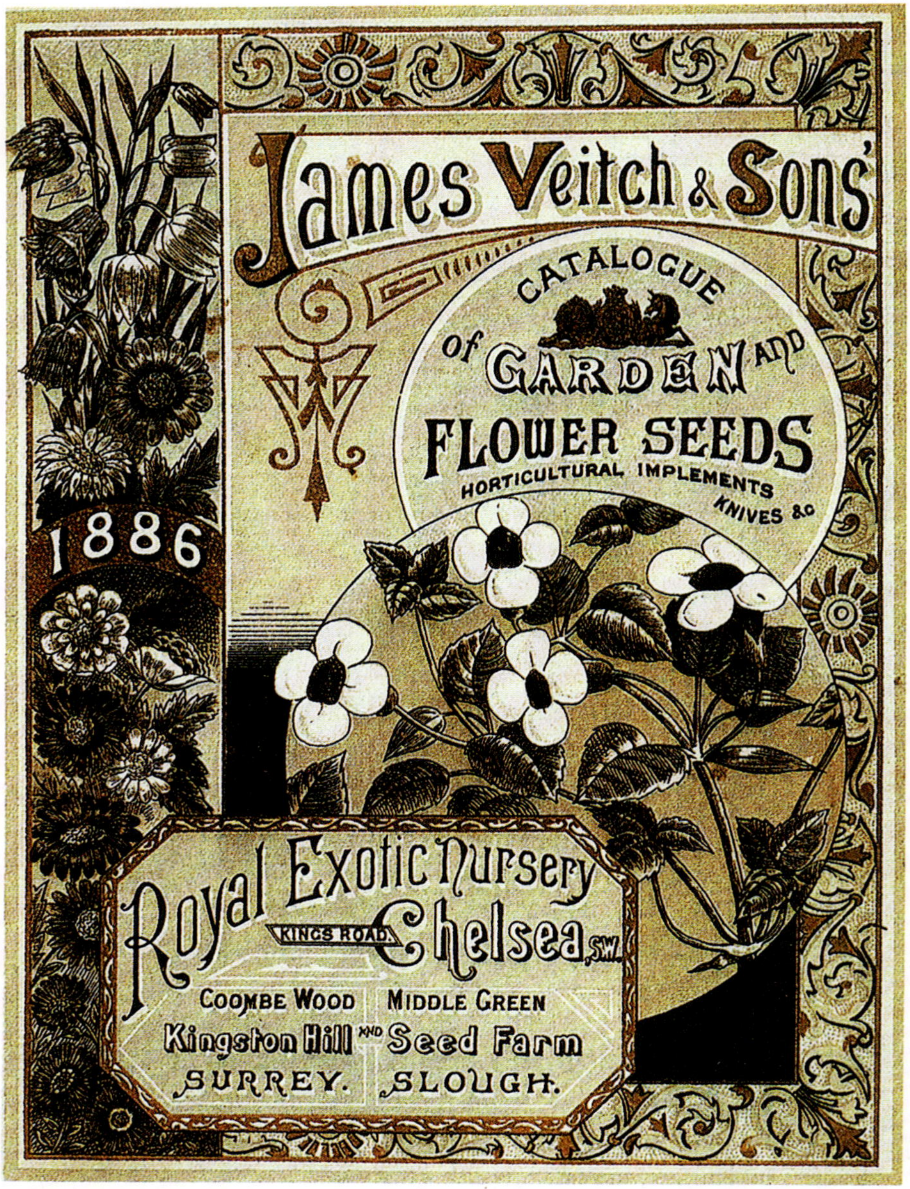

Die Veitch-Dynastie war mehr als fünfzig Jahre lang die treibende Kraft im britischen Gärtnereihandel. Ihren Erfolg verdankt sie zum Teil ihrer weitsichtigen Politik, eigene Pflanzensammler zu beschäftigen.

Trotz der von Napoleon (1769–1821) im Jahre 1806 verhängten Kontinentalsperre, einer Wirtschaftsblockade gegen Großbritannien, gelangten die dort kultivierten Gartensorten der Camellia japonica schnell auf das europäische Festland. Eine der bekanntesten Verehrerinnen der Pflanzen war die französische Kaiserin Joséphine (1763–1814). In ihrem bei Paris gelegenen Schloss Malmaison unterhielt die Prunk liebende Kreolin eine bedeutende Kameliensammlung. Auch Klemens Wenzel Fürst Metternich (1773–1859) und Karl Wassiljewitsch Graf Nesselrode (1780–1862), der Außenminister des Zaren, haben sich für Kamelien begeistert.

Andererseits hatte die Leidenschaft für die exotischen Raritäten nicht nur unter den Adligen Liebhaber gefunden. Die beginnende Verstädterung und der Übergang zu bürgerlichen Wohnformen veränderten die Lebenswelt der Menschen. Die Beschäftigung mit Blumen bezeugte Bildung, war Teil einer neuen Innerlichkeit. Unter diesen Bedingungen begannen Kaufleute und Apotheker, Ärzte und Pfarrer, Lehrer und Juristen mit der Zucht und Pflege seltener Pflanzen.

In ganz Europa wuchs der Kreis der Kamelienfreunde. Ab Mitte der zwanziger Jahre des 19. Jahrhunderts berichteten die europäischen Gartenzeitungen immer ausführlicher über neue Sorten. Begriffe wie »herrlich«, »ausgezeichnet« und »vortrefflich« schienen gerade gut genug, der Begeisterung Ausdruck zu verleihen. Die Kamelie galt nun als eine »der schätzbarsten Eroberungen« der letzten Jahre.

»Camellia japonica. Die Camellie, auch die Chinesische Rose. Solches ist dermalen unser erstes Modeziergewächs, und die Camellien sind gegenwärtig das, was die Hydrangen (Hortensien) vor 20 Jahren waren.«
Annalen der Blumisterei, 1826

»Die Camellia wird in Wien schon bald eine Lieblings-Blume der meisten Garten- und Blumen-Freunde, wobei sie sich außer ihrer schönen Blumen, die wie in Wachs geformt, selbst das Auge des Nichtkenners entzücken, auch sehr durch die niedere Temperatur, mit welcher sie im Winter verlieb nimmt, beliebt macht.«
Allgemeine deutsche Garten-Zeitung, 1826

»Diese außerordentlich schönen Blumen sind dermalen die ersten Zierden aller Glashäuser und jeder Blumensammlung, auch die kostbarsten Zierden des Fenster-Gartens. Es ist nur Jammer-Schade, daß diese herrlichen Blumengewächse noch gar theuer sind ... Der Referent findet sich besonders veranlaßt, alle Blumenfreunde auf die Pracht aufmerksam zu machen, welche die Camellien in ihrer Blüthe so frühzeitig im Jahre gewähren. Sie ersetzen dem Auge unsere Rosen, und da deren Gestalt und Farbe lieblicher ist, gewähren sie alles, was der Blumist sich wünschen kann.«
Annalen der Blumisterei, 1827

Abb. 29 Eduard Gärtner, Junge Frau im Gewächshaus, Gemälde, 1836.

»Die Kultur dieser Lieblingspflanze von ganz Europa, von welcher schon mehr als 100 Spielarten in Oesterreichs Kaiserstadt zu schauen sind, fängt an, sich sehr zu heben; denn in keinem Garten fehlt dem Blumenfreunde diese durch ihre Blüte einen herrlichen Anblick gewährende Pflanze.«
Allgemeine deutsche Garten-Zeitung, 1830

»Von allen Zierpflanzen ... hat in der neueren Zeit wohl keine Gattung ein so ausgedehntes Bürgerrecht in unseren Gärten erhalten als die Camellia.«
Allgemeine deutsche Garten-Zeitung, 1835

»Die allgemein anerkannte Schönheit dieses Strauches hat denselben, vorzüglich in den letzten 20 Jahren, in England, Frankreich, Belgien und Deutschland, zum Gegenstande der mannigfaltigsten Cultur-Versuche gemacht, und vor allen sind die Bemühungen der Cultivateurs, neue Spielarten hervorzubringen, mit dem glänzendsten Erfolge gekrönt worden.«
Blumenzeitung, 1839

»Die japanische Camellie ist ohne Uebertreibung eine der schönsten Acquisitionen, welche die Blumen-Liebhaber gegen das Ende des letzten Jahrhunderts gemacht haben. Der erhabene Wuchs dieses Strauches, der seltene Glanz seiner Blätter, die Größe und Schönheit seiner Blumen, die Jahreszeit, in welcher dieselben erscheinen, ihre Mannigfaltigkeit, ihre Fülle, ihre Dauer sind Eigenschaften, welche kein anderes Gewächs in gleichem Grade besitzt, und welche ihr einen ausgezeichneten Rang unter den angenehmsten Pflanzen, welche wir zur Erhöhung unserer Genüsse bestimmten, zusichern.«
Blumenzeitung, 1839

»Die Rose etwa ausgenommen, kennen wir keine Pflanze, welche der Mode gegenüber so beständig gewesen und so lange Zeit von ihr begünstigt worden ist, wie die Camellie. In der That verdient sie auch diese Bevorzugung vollkommen. Zwar ist die Blume und Haltung steif, sie ist völlig geruchlos, aber die Schönheit der fast symmetrischen Blumen, Reichthum und Mannigfaltigkeit der Farben, das herrliche Grün der glänzenden, immergrünen Blätter, eine angenehme Größe der Pflanzen, Leichtigkeit der Kultur und günstige Zeit der Blüte (in der Winterhälfte des Jahres) machen sie überaus schätzbar. Man kann sagen, daß die Camellie die Schönheit der Rose mit der des Orangenbaums vereinigt.«
Illustrirte Zeitung, 1858

◄ Abb. 30 Unbekannter Künstler, Camellia fascicularis, kolorierter Kupferstich, 1836.

◄ Abb. 31 Unbekannter Künstler, Camellia fimbriata, kolorierter Kupferstich, 1836.

► Abb. 32 Unbekannter Künstler, Camellia carnea Baumanni, kolorierter Kupferstich, 1836.

► Abb. 33 Unbekannter Künstler, Camellia dianthiflora, kolorierter Kupferstich, 1836.

► Abb. 34 Unbekannter Künstler, Camellia Chandleri, kolorierter Kupferstich, 1836.

Cammellia carnea Baumanni.

Camellia dianthiflora.

Camellia Chandleri.

Bis weit in die erste Hälfte des 19. Jahrhunderts waren Kamelien ein teures Vergnügen. Unbekannte Sorten und besonders schöne Exemplare erzielten erstaunliche Preise. Eine durchschnittliche Pflanze kostete in Dresden 1825 etwa zwölf Taler. Das entsprach dem Monatslohn eines sächsischen Textilarbeiters.

Die beträchtlichen Verdienstmöglichkeiten führten dazu, dass auch in Belgien, Frankreich oder Italien Handelsgärtner versuchten, neue Sorten zu züchten und auf den Markt zu bringen. Ein Zentrum der Kamelienkultur entwickelte sich um Gent. Die hier 1825 gegründete Gärtnerei Verschaffelt wurde innerhalb weniger Jahrzehnte weltberühmt.

Auch in Deutschland gab es Gärtner, die Kamelien anboten. Der Samenhändler Falke aus Nürnberg besaß 1826 einen eigenen Katalog. Weitere Spezialfirmen bildeten sich in Frankfurt am Main und in Dresden. In der Elbestadt war es unter anderem Gottlob Friedrich Seidel, der mit den Raritäten handelte. Bereits 1816 annoncierte er 13 Kameliensorten englischer Herkunft.

»Von den Kamellien, die 1840 Aufsehen machten, war es eine rot-weisse. Verschaffelt hatte sie 1839 von Prestey in Bromley in der Grafschaft Kent für einige Tausend Francs gekauft; sie führte den Namen ›Queen-Victoria‹. Verschaffelt vermehrte sie in seiner Gärtnerei zu Gent und schrieb 1841 eine Subskription von 10 Losen aus. Für je 10 Stöcke, bei welchen sich ein Ableger dieser ›Queen-Victoria‹ befand, war der Preis 250 Fr. Diese 10 Lose waren augenblicklich vergriffen und gaben 2500 Francs. Nun wurden schleunig noch 100 andere Lose von je 10 Stöcken mit einem Exemplar der gefeierten Kamellie gemacht, sie brachten allerdings nur 12 500 Francs ein. In weniger als 6 Monaten hatte diese eine Kamellie ihrem glücklichen Besitzer 15 000 Francs eingebracht. Gent hatte sich allein mit 43 Losen beteiligt, ganz Belgien hatte 60, die anderen waren durch ganz Europa, ja nach New York gegangen. Ein Jahr nach dieser Ernte konnte der Besitzer den Preis nicht mehr halten und schon nach 3 Jahren kostete ein Exemplar dieser Victoria 3 Francs. Der Mutterstamm wurde jedoch wieder nach England verkauft und zwar für 400 Mark; bald kehrte er nach Belgien für 6000 Francs zurück. Nach völlig beendeter Spekulation hatte die ›Queen-Victoria‹ in $1\,^1/_2$ Jahren eine Summe von 21 000 Francs eingebracht.«
Illustrierte deutsche Gartenzeitung, 1895

◄ Abb. 35 Johan Laurentz Jensen, Kamelien und Rhododendron, Gemälde, 1852.

Abb. 36 Kamelienpflanzen in einer Großgärtnerei in Dresden-Laubegast, 1925.

Die wachsende Zahl von Kameliengärtnern lässt nichts von den anfänglichen Problemen der Züchter ahnen. Zunächst mussten die gartenbautechnischen Grundlagen der Kamelienkultur gelegt werden. Viele angesehene Fachleute bemühten sich lange vergeblich um die richtigen Methoden. Die Anzucht der Pflanzen durch Absenker erwies sich als schwierig. Erst die Stecklingsvermehrung versprach mehr Erfolg. In Deutschland hatte der Zwickauer Friedrich Mäser diese Variante schon 1808 beschrieben. Sein früher Tod beendete die von ihm angestellten Versuche, bevor sich das Verfahren durchsetzen konnte. So war es der Dresdner Jacob Friedrich Seidel, der als einer der ersten in großem Umfang Kamelienstecklinge heranzog. Seidel erkannte, dass es vor allem auf den richtigen Zeitpunkt des Stecklingsschnitts ankommt, um rasch und billig zu produzieren. Dadurch war er in der Lage, tausende Pflanzen auf einmal zu kultivieren und zum Verkauf anzubieten.

Sports und Sorten

Die Camellia japonica bietet den Gärtnern immense Möglichkeiten. Die Farben und Formen der Blüten, selbst die Blatttönungen können innerhalb kurzer Zeit verändert werden. Verantwortlich dafür ist eine verblüffende Eigenschaft. Bei einigen Sorten der Pflanze entwickeln sich Knospenmutationen, so genannte Sports. Ein rot blühendes Exemplar beispielsweise wechselt an bestimmten Knospen ohne erkennbaren Grund Farbe und Form. Alle nachwachsenden Zweige tragen dann die neuen Blüten. Bei der Stecklingsvermehrung dieser Teile bilden sich Pflanzen mit den veränderten Merkmalen. Ein großer Teil der etwa 20 000 weltweit bekannten Sorten ist auf diese Weise entstanden.

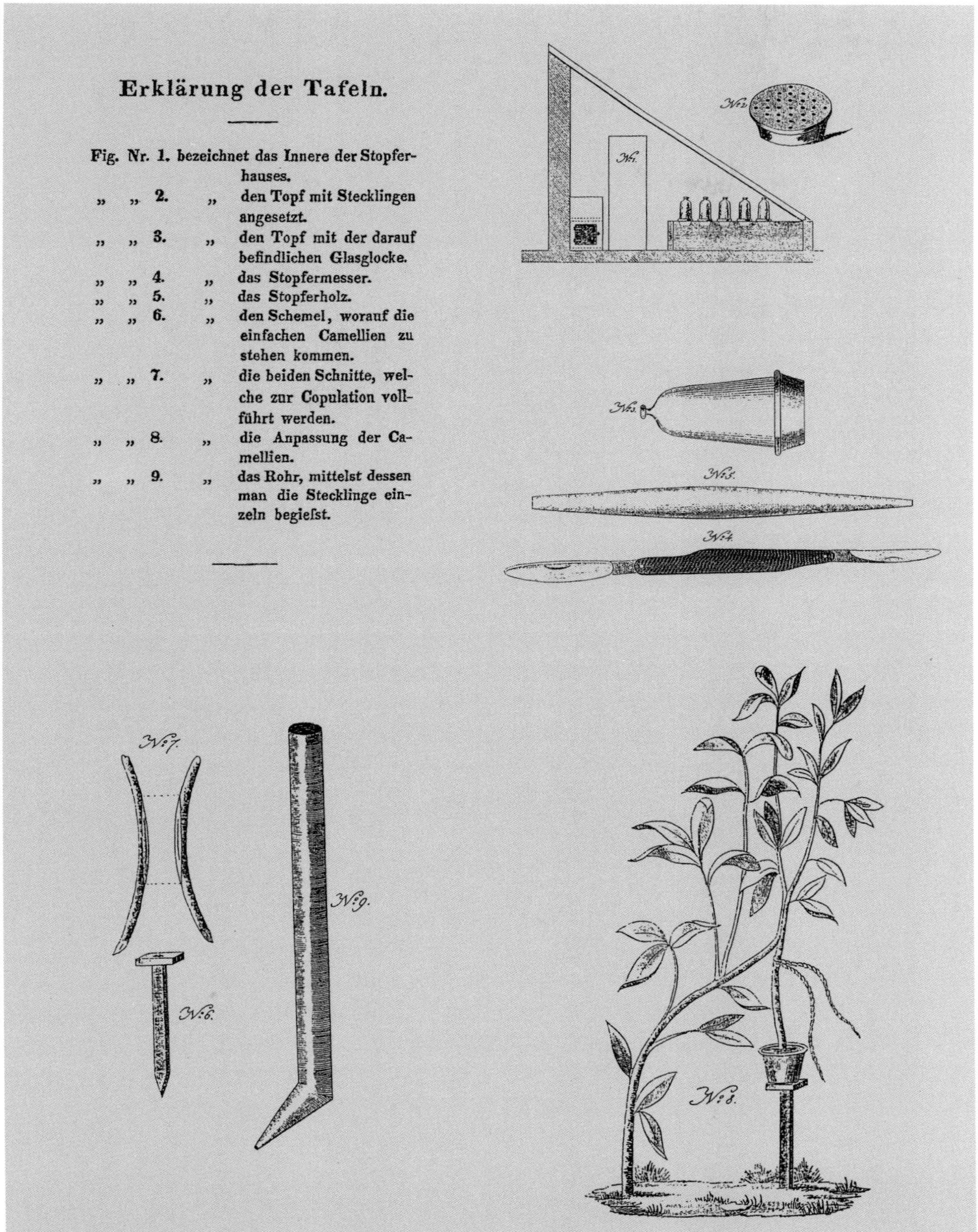

Erklärung der Tafeln.

Fig. Nr. 1. bezeichnet das Innere der Stopferhauses.
„ „ 2. „ den Topf mit Stecklingen angesetzt.
„ „ 3. „ den Topf mit der darauf befindlichen Glasglocke.
„ „ 4. „ das Stopfermesser.
„ „ 5. „ das Stopferholz.
„ „ 6. „ den Schemel, worauf die einfachen Camellien zu stehen kommen.
„ „ 7. „ die beiden Schnitte, welche zur Copulation vollführt werden.
„ „ 8. „ die Anpassung der Camellien.
„ „ 9. „ das Rohr, mittelst dessen man die Stecklinge einzeln begießt.

Abb. 39 Anweisung zur Veredlung von Kamelien, 1836.

◄ Abb. 38 Älteste Abbildung der Cammellien-Vermehrung, Kupferstich, 1837.

◄ Abb. 37 Carl Friedrich, Jacob Friedrich Seidel, Gemälde, 1808.

Die berühmteste Kameliengärtnerei Deutschlands wurde am 24. Juni 1813 in Dresden gegründet. Die ersten Inhaber des Geschäfts waren die Brüder Jacob Friedrich (1789–1860) und Traugott Leberecht Seidel (1775–1858). Ihr Vater, Johann Heinrich Seidel (1744–1815), hatte sich als Hofgärtner im Herzogin-Garten und als Spezialist für exotische Pflanzen einen Namen gemacht. Die von den Brüdern angebotenen Kameliensorten stammten zunächst aus England. Das bald umfangreiche Sortiment wurde in Dresden durch Stecklinge vermehrt. Schon Anfang der zwanziger Jahre des 19. Jahrhunderts lieferten die beiden Gärtner bis nach Wien. Jacob Friedrich, der das Geschäft später als alleiniger Eigentümer übernahm, ging noch einen Schritt weiter. Als erster deutscher Handelsgärtner versandte er große Warenmengen ins Ausland.

Abb. 41 Die Seidelsche Gärtnerei, Äußere Rampische Gasse, später Pillnitzer Straße, 1830 bis 1865.

Versand über weite Strecken

Seidel konnte die Tatsache nutzen, dass sich die Pflanze für den Transport gut eignet. Ihre festen Blätter und die hartholzigen Zweige überstehen selbst lange Fahrten mühelos. Ende September 1834 reiste der Dresdner mit dem Dampfschiff und einer Ladung von fünftausend Kamelien nach St. Petersburg. Der Versand auf dem Seeweg bildete eine Ausnahme. Normalerweise verstaute man die Ware auf Planwagen. Dann führte die Fahrt über endlose, zum Teil unzureichend befestigte Straßen. Neben Russland, Österreich und Preußen hat der Gärtner auch den europäischen Mittelmeerraum beliefert. Ab 1835 soll er jährlich zehn- bis fünfzehntausend Kamelien verkauft haben.

Ausweitung des Angebots

Da die Kunden die Leistungsfähigkeit eines Betriebes vor allem an der Breite des Angebots maßen, wurden immer neue Kameliensorten kultiviert. Enthielt der Seidelsche Katalog anfangs nur wenige Sorten, so waren es 1846 schon 540. Selbst diese gewaltige Zahl sollte sich in den nächsten Jahren noch einmal verdoppeln.

Abb. 40 Die Seidelsche Gärtnerei in Striesen, 1865 bis 1894.

Abb. 42 Johann Heinrich Seidel, um 1810.

Abb. 43 Traugott Leberecht Seidel, um 1830 (rechts).

Abb. 44 Traugott Jacob Herrmann Seidel, um 1860.

Abb. 45 Jacob Friedrich Seidel, um 1859 (rechts).

»Einer unserer intelligentesten Mitbürger hat das Verdienst, in Dresden den Zentralpunkt für die Verbreitung der Camellien über Europa bis in das asiatische Rußland begründet zu haben. Die Camelliencultur des Herrn T. J. Seidel ist seit länger als dreißig Jahren in immer weiterem Fortschreiten begriffen gewesen und die Gewissenhaftigkeit im Unterscheiden der zahlreichen Varietäten und deshalb die Versendung richtig bestimmter und dabei gesunder Exemplare hat diesem Etablissement eine Autorität verschafft, durch welche es noch immer eine hohe Auszeichnung vor vielen anderen bewährt.«
Chronik des Gartenwesens und Feuilleton der Isis, 1851

»Die großartigste Ouvertüre für den Frühling ist in Dresden seit einer Reihe von Jahren die Camelienausstellung des Herrn Seidel ... Der Camellienreichthum der Handelsgärtnerei des Herrn Seidel ist, abgesehen von allen anderen seltenen neuen Pflanzenarten, welche obiges Etablissement seit einer Reihe von Jahren nebenbei cultiviert, in Europa unübertroffen.«
Chronik des Gartenwesens und Feuilleton der Isis, 1851

Mit der zunehmenden Leidenschaft für Kamelien verstärkte sich das Bedürfnis, genauer über die Kultur der Pflanzen unterrichtet zu werden. Zunächst waren es vor allem Gartenzeitschriften, die diesem Wunsch nachkamen. In den zwanziger und dreißiger Jahren des 19. Jahrhunderts erschienen parallel dazu die ersten Kulturanweisungen. Autoren wie Alfred Chandler, Jacob Friedrich Seidel oder Soulange-Bodin konnten als Handelsgärtner auf langjährige Erfahrungen zurückgreifen.

Die wachsende Zahl von Kameliensorten schuf ein neues Problem. Das Gewirr der Bezeichnungen, die doppelte oder gar dreifache Namensgebung wuchs selbst Spezialisten über den Kopf. Aus diesem Grunde versuchten Lorenzo Berlèse, Ambroise Alexandre Verschaffelt und andere Fachleute durch umfangreiche Abbildungswerke eine exaktere Sortenbestimmung zu ermöglichen. Diese Monografien waren gleichzeitig begehrte Sammelobjekte. Sie wurden zu hohen Preisen gehandelt und in ganz Europa verkauft. Darüber hinaus gaben vermögende Pflanzenliebhaber auch eigene Zeichnungen und Kupferstiche in Auftrag. So bestellte Fürst von Metternich 1839 bei dem Blumenmaler Franz Xaver Gruber 120 Kamelienaquarelle, wobei er auf künstlerisches Feingefühl und Naturtreue großen Wert legte.

Abb. 46, 47, 48, 50 Kamelien-Kulturanweisungen des 19. Jahrhunderts. ► Abb. 49 Pillnitzer Kamelienblüte.

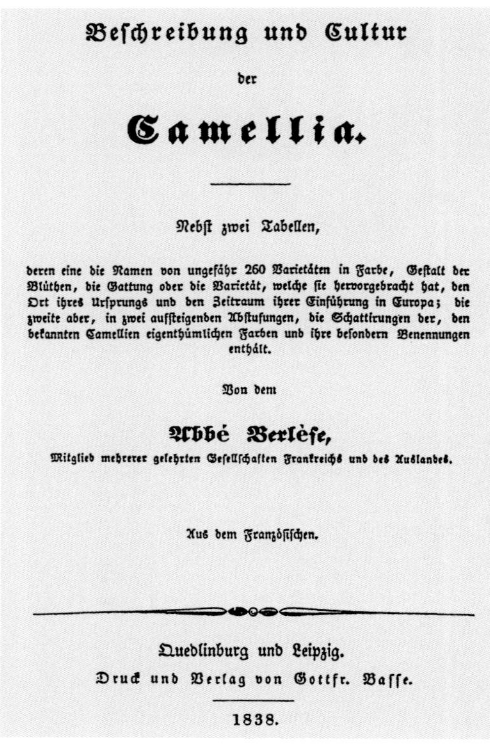

Beschreibung und Cultur

der

Camellia.

Nebst zwei Tabellen,

deren eine die Namen von ungefähr 260 Varietäten in Farbe, Gestalt der Blüthen, die Gattung oder die Varietät, welche sie hervorgebracht hat, den Ort ihres Ursprungs und den Zeitraum ihrer Einführung in Europa; die zweite aber, in zwei aufsteigenden Abstufungen, die Schattirungen der, den bekannten Camellien eigenthümlichen Farben und ihre besondern Benennungen enthält.

Von dem

Abbé Berlèse,

Mitglied mehrerer gelehrten Gesellschaften Frankreichs und des Auslandes.

Aus dem Französischen.

Quedlinburg und Leipzig.

Druck und Verlag von Gottfr. Basse.

1838.

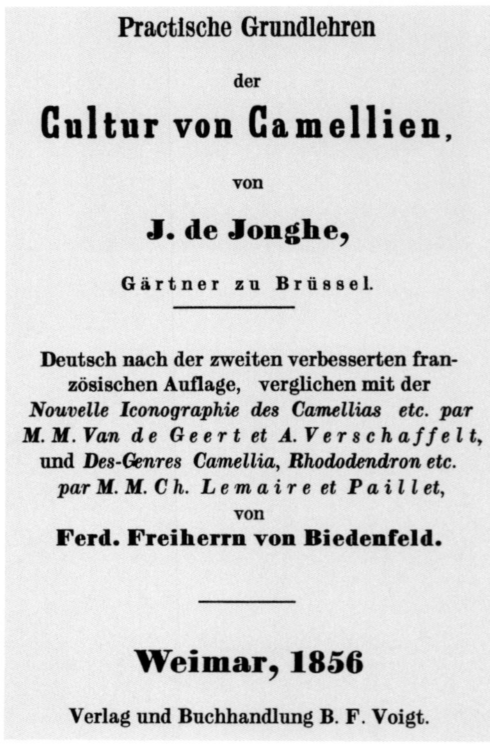

Practische Grundlehren

der

Cultur von Camellien,

von

J. de Jonghe,

Gärtner zu Brüssel.

Deutsch nach der zweiten verbesserten französischen Auflage, verglichen mit der *Nouvelle Iconographie des Camellias etc. par M. M. Van de Geert et A. Verschaffelt*, und *Des-Genres Camellia, Rhododendron etc. par M. M. Ch. Lemaire et Paillet*, von

Ferd. Freiherrn von Biedenfeld.

Weimar, 1856

Verlag und Buchhandlung B. F. Voigt.

Die Sortennamen – ein Stück Kulturgeschichte

Neue Kameliensorten wurden schnell weltweit bekannt. Nicht selten benannten die Züchter sie nach Familienmitgliedern, Freunden oder verdienstvollen Mitarbeitern. Hinter manchem der Frauennamen verbarg sich wohl eine heimliche Leidenschaft. Darüber hinaus widerspiegelt sich in den Bezeichnungen der Kameliensorten auch Zeitgeschichte. Nationale Gesinnung und Heimatgefühl hinterließen ebenso wie politische Ereignisse ihre Spuren. Könige, Feldherren, Politiker, Wissenschaftler und Künstler sind in den Pflanzenlisten aufgeführt. Die Bezeichnungen reichen von »George Washington« und »Teutonia« bis »Garibaldi«.

»Ich hatte meinen neuen Sämling wegen der Eigenthümlichkeit seines Roth- und Weißblühens anfänglich Albert und Victoria getauft, später aber wurde ich bei einem kleinen Bankette, das nach der Preisverleihung stattfand, einer unpatriotischen Anwandlung beschuldigt, und aufgefordert, ihr den Namen ›Teutonia‹ zu geben.«
Verhandlungen des Vereins zur Beförderung des Gartenbaus in den Königlich Preußischen Staaten, 1843

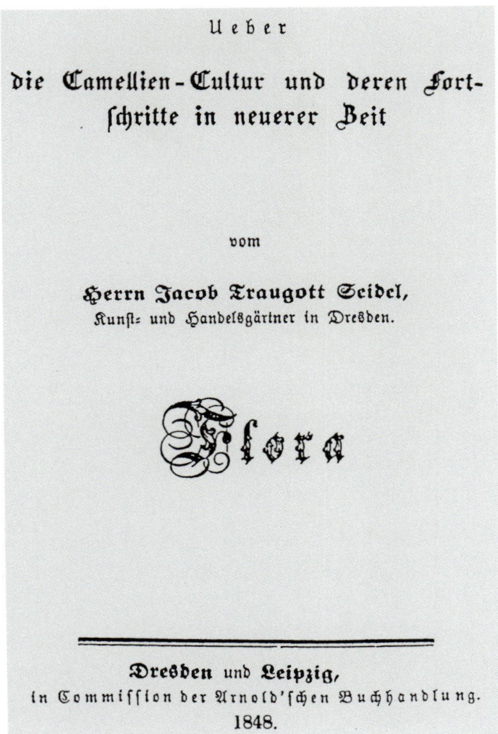

Ueber

die Camellien-Cultur und deren Fortschritte in neuerer Zeit

vom

Herrn Jacob Traugott Seidel,
Kunst- und Handelsgärtner in Dresden.

Flora

Dresden und Leipzig,
in Commission der Arnold'schen Buchhandlung.
1848.

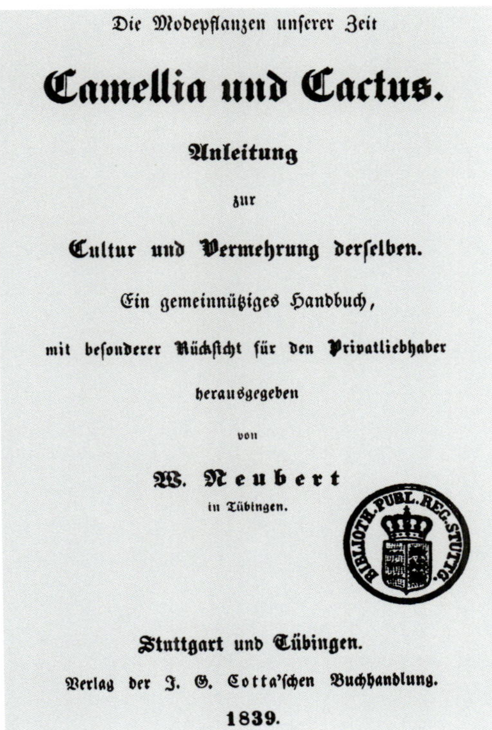

Die Modepflanzen unserer Zeit

Camellia und Cactus.

Anleitung

zur

Cultur und Vermehrung derselben.

Ein gemeinnütziges Handbuch,

mit besonderer Rücksicht für den Privatliebhaber

herausgegeben

von

W. Neubert
in Tübingen.

Stuttgart und Tübingen.
Verlag der J. G. Cotta'schen Buchhandlung.
1839.

Camelia panaché. *Camelia Japonica.*

P.J. Redouté _ 16. Langlois.

Samuel Curtis (1779 – 1860) gab bereits 1819 die wohl schönste englische Kamelienmonografie, »A monograph on the genus Camellia«, heraus. Die fünf handkolorierten Tafeln stammen von Clara Maria Pope (1768 – 1838). Die für ihre Blumenporträts bekannte Malerin war 1796 mit einer ersten eigenen Ausstellung in Erscheinung getreten. Im Begleittext nennt Samuel Curtis 29 verschiedene Kameliensorten. Elf von ihnen sind auf den großformatigen Blättern abgebildet.

◄ Abb. 51 Langlois, Camelia Japonica, Camelia panaché, kolorierter Kupferstich, um 1830.

Abb. 52 Bessin, Camelia Japonica, Camelia blanc, kolorierter Kupferstich, um 1830.

Abb. 53 Oudet nach Johann Jakob Jung, Camellia Maculata superba, kolorierter Kupferstich, 1843.

Pierre Joseph Redouté (1759 – 1840) – auch »Blumen-Raffael« genannt – entstammte einer flämischen Malerfamilie. 1805 ernannte ihn Kaiserin Josephine zu ihrem Blumen- und Hofmaler. Der in Saint-Hubert geborene und später in Paris lebende Künstler schuf eine Vielzahl botanischer Buchillustrationen und drei hervorragende Pflanzenmonografien. Kamelienabbildungen finden sich vor allem in seiner letzten großen Arbeit. Sie erschien zwischen 1827 und 1833 unter dem Titel »Choix des plus belles fleurs prises dans différentes familles du règne végétal et de quelques branches des plus beaux fruits« und umfasst 144 kolorierte Kupferstiche.

Lorenzo Berlèse (1784 – 1863) gilt als einer der bedeutendsten Kamelienexperten des 19. Jahrhunderts. In Italien geboren, verbrachte er die meiste Zeit seines Lebens in Paris. Sein Vermögen gestat-

Abb. 54 G. Severeyns nach Léon Bernard, Camellia Francofurtensis, kolorierte Lithografie, Mitte 19. Jahrhundert.

Abb. 55 G. Severeyns nach Léon Bernard, Camellia Teutonia, kolorierte Lithografie, Mitte 19. Jahrhundert.

tete es ihm, mehrere Gewächshäuser zu unterhalten und sich ganz der Kamelienleidenschaft hinzugeben. Eines seiner zentralen Projekte war die von Johann Jakob Jung illustrierte »Iconographie du genre Camellia; ou, Description et figures des camellia les plus beaux et les plus rares: peints d'après nature«. Von 1841 bis 1843 in drei Bänden verlegt, enthält sie 300 Sortenbeschreibungen.

Ambroise Alexandre Verschaffelt (1825–1886), ein belgischer Gärtner, veröffentlichte von 1848 bis 1860 in Gent die »Nouvelle iconographie des camellias: contenant les figures et la description des plus rares, des plus nouvelles et des plus belles varietés de ce genre.« In monatlichen Fortsetzungen entstand das umfassendste Abbildungsverzeichnis der damaligen Zeit (623 Farbtafeln). Gleichzeitig entwickelte sich der 1825 gegründete Gartenbaubetrieb des Kamelienspezialisten zu einer weithin bekannten Spezialgärtnerei für exotische Pflanzen.

Abb. 56 Oudet nach Johann Jakob Jung, Camellia Presley's Victoria ou Queen Victoria, kolorierter Kupferstich, 1841.

Bereits um die Mitte des 19. Jahrhunderts produzierten die europäischen Gärtnereien jedes Jahr hunderttausende von Kamelien. Die massenhafte Verbreitung der Pflanze scheint ihrem Nimbus als kostbare, exotische Schönheit nicht geschadet zu haben. Zwar waren die Preise zu diesem Zeitpunkt bereits erheblich gefallen, doch etwas Besonderes blieb die Kamelie allemal. Sie galt als prachtvoll und vollendet, zugleich aber als unnahbar. In den Poesiealben der Zeit steht die Kamelienblüte als Sinnbild für das »vergebliche Ringen nach schönem Ziel«. Vor allem ihr fehlender Duft (duftende Arten waren damals weitgehend unbekannt) trug zu dieser Vorstellung bei. Viele Autoren kritisierten, dass die Kamelie trotz aller Pracht immer »etwas Fremdes«, einen gewissen »vornehmen Abstand« habe. Vielleicht aber war gerade die aristokratische Eleganz der Pflanze Teil ihrer Faszination.

Johannes Trojan (1837–1915)
Zitiert nach: Grandville, Die beseelten Blumen. Mit Gedichten ausgewählt von Marianne Beuchert und mit einem Nachwort von Karl Krolow, Frankfurt am Main 1981

Die Kamelie
Der Rose gleichst du, doch Vöglein sangen
Dir nicht, dich küsste kein Sonnenstrahl.
In braunen Locken seh' ich dich prangen
Beim Geigenklang im geschmückten Saal.

Schmuck und Motiv

Die Kamelien fanden nun überall Verwendung: als Dekoration einer festlichen Tafel, im Kranzschmuck einer Totenfeier, als Kottillonbouquet beim Walzer. Frauen erschienen zu Kostümfesten als Kamelia, steckten sich die Blumen ins Haar und ließen sie von Putzmacherinnen auf gewaltigen Hutungetü-

Abb. 57 Fritz von Uhde, Der Leierkastenmann kommt, Öl auf Leinwand, 1883. Vorn kleine Kamelie im Blumentopf.

Abb. 58 Unbekannter Künstler, Natalie Baronesse Blome (1813–1901) mit weißer Kamelie (wahrscheinlich Zweig der Roßweiner Kamelie), Gemälde, um 1850.

Abb. 59 J. J. Grandville, Kamelie, kolorierter Stahlstich, 1847.

men arrangieren. In vielen europäischen Großstädten, so in Wien, Prag oder Budapest, stieg die Nachfrage nach den begehrten Blüten. Sorgsam in Watte verpackt, wurden sie von den Gärtnereien auf die Reise geschickt. Kam es aus unvorhergesehenen Gründen, etwa durch einen Todesfall im Kaiserhaus, zum Abbruch der Wiener Ballsaison, hatte das einen empfindlichen Rückgang der Aufträge zur Folge. Die Kamelienblüten wurden meist kurzstielig geschnitten oder gepflückt und in flachen, auf einem Fuß stehenden Schalen angeordnet. Auch Draht, um sie an Kleidern oder anderswo festzustecken, fand Verwendung. Die von Papiermanschetten umschlossenen Kamelienbouquets hatten eine kreisrunde Form. Als in der Gründerzeit künstliche Blumen bergeweise in die Geschäfte gelangten, wurden auch Kamelien aus Papier, Leder, Wolle oder Wachs angeboten. Wie andere Blumen waren sie ein beliebtes Motiv. Ihr mehr oder weniger kunstvolles Abbild schmückte Stoffe, Teppiche, Porzellane und Stillleben.

Annette von Droste-Hülshoff (1797–1848)
Zitiert nach: Annette von Droste-Hülshoff, Sämtliche Gedichte. Mit einem Nachwort von Ricarda Huch, Frankfurt am Main 1994.

Gar weite Wege hast du gemacht,
Kamelia staubige Schöne,
In deinem Kelche die Flöte wacht,
Trompeten und Zymbelgetöne;
Wie zittern durch das grüne Revier
Buntfarbige Lampen und Schleier!
Da brach der zierliche Gärtner mir
Den Strauß beim bengalischen Feuer.

► Abb. 60 Ferdinand Georg Waldmüller, Der Geburtstagstisch (mit Kamelien), Öl auf Eichenholz, 1840.

Auf dem Pariser Cimetière de Montmartre befindet sich ein viel besuchtes Grab. Der prächtige Sarkophag wird von einer Art Vase gekrönt und ist mit einem violetten Porzellankissen verziert, auf dem unter roten Kamelien das Wort »Regrets« steht. Alphonsine Plessis wurde nur 23 Jahre alt, ehe sie 1847 an Schwindsucht starb.

Das Schicksal der jungen Frau bot Alexandre Dumas dem Jüngeren (1824–1895) die Vorlage für seinen Roman »Die Kameliendame«. Es wird das tragische Schicksal einer Liebesbeziehung geschildert. Die Kurtisane Marguerite Gautier und Armand Duval, ein junger Mann aus dem wohlhabenden Bürgertum, versuchen sich fern von Paris ein gemeinsames Leben aufzubauen – ein Vorhaben, das an den Normen der Gesellschaft scheitert. Als der Roman 1848 erschien, wurde er zunächst kaum wahrgenommen. Geldnot veranlasste Dumas vier Jahre darauf, die Geschichte zu bearbeiten. In nur acht Tagen entstand so das populärste Theaterstück des 19. Jahrhunderts. Nach anfänglichen Widerständen der Zensur erschütterte es ein millionenfaches Publikum. Guiseppe Verdi nutzte die Handlung als Vorlage für seine 1853 uraufgeführte Oper »La Traviata«, und auch das später allgegenwärtige Kino bemächtigte sich des Stoffs. Bis heute sind unzählige Theaterfassungen bekannt und weit über 30 Filme gedreht worden, die den Ruhm der »Dame aux Camèllias« in alle Welt getragen haben.

Abb. 61 Die Kameliendame, Verdi's La Traviata, Plakat von Columbia-Film.

Abb. 62 Die Kameliendame, Plakat für den Film von John Neumeier.

GRETA GARBO
ROBERT TAYLOR in
Die
KAMELIENDAME
REGIE: GEORGE CUKOR
EIN METRO-GOLDWYN-MAYER FILM
ARS GRATIA ARTIS
Metro GOLDWYN Mayer

Abb. 64 Nach Vienot, Marie Duplessis, 19. Jahrhundert.

Die Wirkungen eines Welterfolgs

Die Kurtisanen der zweiten Hälfte des 19. Jahrhunderts stellten den Reichtum offen zur Schau. Ihre Liebhaber gaben Millionen Francs für kostspielige Kleidung, wertvollen Schmuck und exotische Equipagen aus. Da die bessere Gesellschaft an all dem lebhaften Anteil nahm, bestimmten die Mätressen die Mode der Oberschicht in erheblichem Maße. Das galt ebenso für Schauspielerinnen, an denen sich viele Frauen in der Wahl ihrer Garderobe orientierten. Insofern lässt sich der bis 1870 steigende und dann über zwei Jahrzehnte auf hohem Niveau verharrende Absatz von Kamelien auch mit dem Erfolg des Stückes begründen. Wo bei zahlreichen Opern- und Theateraufführungen Kamelien zu sehen waren, konnte das auf die Dauer seine Wirkung nicht verfehlen.

»Marguerite fehlte bei keiner Premiere. Ihre Abende verbrachte sie entweder im Theater oder auf Bällen. Wurde ein neues Stück gespielt, so konnte man sicher sein, sie anzutreffen, und zwar nie ohne die drei Dinge, die sie stets bei sich hatte und auf die Brüstung der Parkettloge legte: ihr Opernglas, ein Beutelchen mit Näschereien und einen Strauß Kamelien. Fünfundzwanzig Tage nacheinander waren es weiße Kamelien, und fünf Tage lang rote. Niemand verstand, weshalb die Farben auf diese Weise wechselten, wie auch ich nur berichten, aber nicht erklären kann, was den regelmäßigen Besuchern der Theater, in denen sie meistens war, und ihren Freunden ebenso auffiel wie mir. Nie sah man Marguerite mit anderen Blumen. Bei Madame Barjon, ihrer Blumenfrau, wurde sie zuerst Kameliendame genannt und diesen Beinamen behielt sie.«
Die Kameliendame, 1848

Abb. 65 Alfons Mucha, »Die Kameliendame« (Sarah Bernhardt), Plakat, 1896.

◄ Abb. 63 Die Kameliendame, Plakat für den Film mit Greta Garbo und Robert Taylor.

► Abb. 66 Die Kameliendame, Plakat für den Film mit Isabelle Huppert.

Es spielen:
Isabelle Huppert,
Gian Maria Volonte, Fernando Rey u.v.a.
Regie: Mauro Bolognini
Koproduktion: Frankreich, BRD, Italien
Ein Farbfilm
Die Kameliendame

Unter Allerhöchstem Schutze S.M. des Königs.
III. INTERNATIONALE
GARTENBAU-AUSSTELLUNG
DRESDEN
4.-12. Mai 1907.
Ges. gesch. Nachdruck verboten.
Aktiengesellschaft für Kunstdruck, Niedersedlitz b. Dresden.

Im zweiten Drittel des 19. Jahrhunderts wurden in und um Dresden zahlreiche Zierpflanzengärtnereien gegründet. Viele von ihnen spezialisierten sich auf Kamelien, Azaleen, Eriken, Rhododendren und Hortensien (sächsische Moorbeetkulturen). Die natürlichen Bedingungen des Elbtals begünstigten diese Entwicklung. Das regenärmste Gebiet Sachsens hat zugleich die wenigsten Frosttage. Der Herbst ist lang und warm, die Luftfeuchtigkeit hoch. Das kalkarme Wasser und der sandige, durchlässige Untergrund kommen den Pflanzen entgegen. Nach dem Bau von Eisenbahnen ließen sich Kamelien mühelos über weite Entfernungen transportieren. Schon 1855 verschickten die Gärtnereien der Elbestadt fast 70 000 Exemplare. Unternehmen wie die der Seidels oder Liebigs belieferten ganz Europa und dehnten ihren Export bis nach Übersee aus. Die Qualität ihrer Produkte begründete den ausgezeichneten Ruf des Dresdner Anbaugebiets. Manche der großen Gärtnereien entwickelten sich noch vor der Jahrhundertwende zu regelrechten »Pflanzenfabriken«. Allein im Seidelschen Betrieb wuchsen 1887 etwa 200 000 Kamelien, 175 000 Rhododendren und 150 000 Azaleen. Die Steigerung der Anbauzahlen wurde von der Einführung neuer Betriebstechniken begleitet. Spezialfirmen für den Bau von Gewächshäusern oder Heizungsanlagen entstanden. Erst der Beginn des Ersten Weltkrieges beendete diese für den Dresdner Zierpflanzenbau so erfolgreiche Zeit.

Internationale Ausstellungen

Im Jahre 1828 wurde in Dresden eine der ersten Gartenbaugesellschaften Deutschlands gegründet. Die »Flora, Königliche Gesellschaft für Botanik und Gartenbau« organisierte unter anderem eine Reihe von Gartenbauausstellungen, auf denen auch die neuesten Blumen- und Obstsorten präsentiert wurden. Diese alljährlichen Veranstaltungen gehörten zu den gesellschaftlichen Ereignissen der Stadt und vermittelten einen guten Eindruck vom Leistungsstand der einheimischen Gartenbaubetriebe und Hofgärtnereien.

Die Expositionen erregten bald weltweit Aufmerksamkeit. Bereits vor dem Ersten Weltkrieg fanden drei dieser großen Ausstellungen statt (1887, 1896 und 1907). Sie wurden von jeweils mehreren hunderttausend Zuschauern besucht und waren hervorragende Präsentationen des sächsischen und internationalen Gartenbaus. Gleichzeitig trugen sie maßgeblich dazu bei, den Ruf Dresdens als Stadt der Künste und Gartenkultur zu festigen.

In den folgenden Jahrzehnten konnten diese Veranstaltungen fortgesetzt werden. Die umfangreichste deutsche Gartenbauausstellung der Weimarer Republik wurde 1926 in der Elbemetropole durchgeführt. Innerhalb von sechs Monaten besichtigten drei Millionen Menschen das Gelände am Stübelplatz (heute Straßburger Platz). Auch in der DDR ist die Tradition der Dresdner Blumenausstellungen weitergeführt worden.

Abb. 68 Internationale Gartenbauausstellung in Dresden 1887, Präsentation der Firma Seidel.

◄ Abb. 67 III. Internationale Gartenbau-Ausstellung Dresden, 4.–12. Mai 1907, Plakat.

Ab etwa 1890 änderte sich die Blumenmode. Langstielige Rosen, Nelken und Chrysanthemen begannen die kurz gepflückten Kamelien zu verdrängen. Große Mengen billiger Importblumen überschwemmten im Winter den Markt. Die in den Gewächshäusern zum Schnitt ausgepflanzten Kamelien verschwanden allmählich, um Platz für andere Kulturen zu machen. Überall in Europa fielen die Kamelien-Schauhäuser der Modelaune zum Opfer, wurden umgestaltet oder aufgegeben. Warum die so wandlungsfähigen Kamelien dem Trend der Blumenmode nicht besser entsprochen haben, ist bis heute rätselhaft. Die Gärtner, die bestimmte Sorten über lange Zeit vernachlässigten, wurden ebenso verantwortlich gemacht, wie das zu Ende gehende Zeitalter der großen Bälle und Gesellschaften. Die Eintönigkeit einer Vielzahl stets ähnlicher Blüten hätte den Kunden ermüdet, heißt es. An anderer Stelle wird auf die »Empfindlichkeit« der Pflanzen oder den Niedergang der wohlhabenden Mittelschicht verwiesen. Auf den bedeutenden Gartenbauausstellungen der Zeit waren Kamelien nun nur noch selten zu sehen. »Die moderne Richtung der Blumenbildekunst hat diesen ehemaligen Liebling der Damenwelt vollständig zur Seite gedrängt«, notierte ein Korrespondent 1907. Auch die jetzt in bürgerlichen Wohnungen häufiger eingebauten Zentralheizungen verhinderten eine Wiederbelebung des Geschäfts. Da Kamelien im Winter relativ niedrige Temperaturen benötigen, sind sie für ständig warme und trockene Räume ungeeignet.

Es ist kein Zufall, dass mit dem Wandel der Blumenmode immer kritischer über die Pflanzen berichtet wurde.

»Die Kamellie scheint eine schöne Leiche der Blumenwelt, nicht ein durchsichtiges, sammetweiches Leben zu sein. Die Blume legt sich innigkeitslos auseinander, als wolle sie sich für Knospenkugelzwang schadlos halten, während selbst die Rose ihr Innerstes mit einzelnen Resten der ehemaligen Pracht keusch zu schützen sucht. Es ist die Kamellie, die Pariser Salondame, die wohl nimmermehr dem rechten Weibe den letzten und höchsten Preis zu entreissen vermag, wenn sich auch dem neuen Gaste anfangs Aller Augen zuwenden.«
Pflanzen-Aesthetik, um 1890

»In der Anzucht der Camellia japonica ist seit einigen Jahren ein Rückgang zu verzeichnen. Die Gärtnereien, hauptsächlich in Dresden, ziehen zwar noch nach wie vor ihre bestimmten Bestände heran, aber der Absatz ist nicht mehr befriedigend. Die Gründe können verschieden sein. Erstens werden von dem Publikum jetzt besonders duftende Blumen gern gekauft. Leider ist es aber bisher noch nicht gelungen, eine Kamellien-Sorte zu züchten, die Duft besitzt.«
Die Gartenwelt, 1925

»Die langjährige Kultur der Camellien bis zur Fertigware machte diese Pflanzen von jeher breiteren Volksmassen unzugänglich. Die hohen Preise, die für vier- bis fünfjährige Pflanzen wohl gerechtfertigt sind, ermöglichen es nicht jedermann, Camellien zu erwerben, für die es ohnehin nicht mehr so viel Verwendungsmöglichkeiten wie in früheren Zeiten gibt.«
Die Gartenwelt, 1927

Abb. 69 Oskar Moll, Stilleben mit Kamelie, Öl auf Leinwand, 1918.

► Abb. 70 Wilhelm Lachnit, Mädchenkopf mit Kamelie, Öl auf Pappe, Mitte 20. Jahrhundert.

Nach dem Ende der Kamelienmode des 19. Jahrhunderts wurde es vor allem in Mittel- und Westeuropa relativ still um die Pflanze. In den USA, wohin die ersten Kamelien um 1797/98 gelangt waren, hielt das Interesse weiterhin an. Immer wieder kamen hier neue Sorten auf den Markt, wobei sich der Schwerpunkt der Kamelienzüchtung allmählich von den Südstaaten nach Kalifornien und Georgia verschob. Die von England ausgehende Züchtung von Hybriden (Kreuzungen verschiedener Arten) führte in Neuseeland, Australien und den USA zu einer Renaissance der Kamelienbegeisterung. Um die weltweiten Aktivitäten der Kamelienfreunde besser koordinieren zu können, wurde 1962 die Internationale Kamelien Gesellschaft (International Camellia Society) gegründet. Auch in Deutschland lässt sich seit einigen Jahren ein verstärktes Interesse an der einstigen Modepflanze nachweisen. In verschiedenen Städten finden regelmäßig Kamelienausstellungen statt und die Zahl der von den Spezialbetrieben verkauften Exemplare wächst kontinuierlich. Ein Zentrum der Kamelienkultur ist dabei nach wie vor Sachsen. Die Mitteldeutsche Kameliengesellschaft e.V. mit Sitz in Pirna koordiniert alle Aktivitäten rund um die Kamelien im sächsischen Raum, sie organisiert beispielsweise regelmäßig Ausstellungen mit diesen Pflanzen. Der Pillnitzer Kamelienbaum, die Zuschendorfer Sammlung, die Kamelien von Königsbrück und Roßwein haben sich zu überregionalen Attraktionen entwickelt. Hinzugekommen ist eine umfangreiche Sammlung von Duftkamelien im Botanischen Blindengarten in Radeberg.

Abb. 71 Kamelie aus der Roßweiner Sammlung.

Abb. 72 Kamelie aus der Königsbrücker Sammlung.

Abb. 73 Schalen mit Pillnitzer Kamelienblüten, Meissener Porzellan, Ende 20. Jahrhundert. Diese Schalen wurden für Schloss Pillnitz kreiert und früher im Besucherzentrum »Alte Wache« verkauft.

Abb. 74 Teller mit Kamelienblütendekor, Porzellan, Firma Henriot Quimper, Ende 20. Jahrhundert.

Abb. 75 Teller mit Kamelienblütendekor »Camellia Tricolor«, Steingut, Firma Villeroy & Boch, 1849.

Abb. 76 Faltblatt Kamelie – apart und schön, um 1965.

Abb. 78 Kamelienfest von Locarno, Plakat, 2000.

Abb. 77 XVII. Ausstellung: Alte Kamelien aus dem Gebiet um Lucca, Plakat, 2006.

Abb. 79 Camellia, Titelseite der Zeitschrift der Deutschen Kameliengesellschaft e.V., Heft 1/2006.

Die traditionsreichste Kameliensammlung Deutschlands befindet sich in Pirna-Zuschendorf. In ihrem Kern geht sie auf die Bestände der Seidelschen Gärtnerei zurück. Das genetische Material der teilweise sehr alten Pflanzen ist von unschätzbarem Wert.

In der Wendezeit 1989 / 90 ergaben sich für die Fortführung der reichen Traditionen Probleme. Der seit 1988 mit dem Wiederaufbau von Schloss und Parkanlage Zuschendorf befasste Dresdner Zierpflanzenbetrieb wurde durch die Treuhand liquidiert. Um die Pflanzen zu erhalten, musste schnellstens eine Lösung für die Weiterbeschäftigung der Gärtner gefunden werden. Die Gründung des Fördervereins Landschloss Pirna-Zuschendorf e.V. erfolgte 1991. Engagierte Mitglieder, zu denen unter anderem Gärtner, Botaniker, Künstler und Architekten zählen, kümmern sich um die Rekonstruktion und die Erhaltung des Schlosses und der botanischen Sammlungen. In den vergangenen Jahren sind mehrere Gewächshäuser entstanden, die jährlich von Zehntausenden von Kamelienliebhabern besichtigt werden. Mittlerweile gehören die botanischen Sammlungen von Pirna-Zuschendorf zum Botanischen Garten der Technischen Universität Dresden. Die Kamelien selbst stehen seit 1993 unter Denkmalschutz und bilden den Grundstock eines sächsischen Moorbeetpflanzenarchivs, das auch Hortensien, Azaleen und Rhododendren umfasst.

Abb. 80 Die Seidelschen Kamelien verblieben auch nach der Enteignung der Gärtnerei zunächst in Laubegast. Kamelienbrigade von Bernhard Lauterbach (rechts), um 1955.

Abb. 81 Kamelien in den Gewächshäusern der Botanischen Sammlungen der Technischen Universität Dresden, Pirna-Zuschendorf.

Abb. 82 Bea Berthold, Kamelie, Botanische Sammlungen Zuschendorf, Plakat.

Die Pillnitzer Kamelie – eine einfach blühende Camellia japonica – gehört zu den bedeutendsten Attraktionen des Schlossparks. Wie und wann die Kamelie nach Pillnitz kam, bleibt geheimnisvoll. Fest steht nur, dass sie im Mai 1801 im Englischen Garten des Schlosses ausgepflanzt wurde. Zum damaligen Zeitpunkt muss die in einem Kübel kultivierte Kamelie bereits mehrere Jahre alt gewesen sein. Auch der Name des für die Aktion verantwortlichen Gärtners ist überliefert. Es handelt sich um Carl Adolph Terscheck, der von 1800 bis 1802 als Geselle in Pillnitz beschäftigt war. Auf Terscheck geht die bekannteste Geschichte über die Herkunft der Kamelie zurück: Demnach soll der Schwede Karl Peter Thunberg von seiner Japanreise (1775–1776) vier Kamelien in die Kew Gardens bei London mitgebracht haben. Jeweils ein Exemplar – so die Überlieferung – sei anschließend nach Herrenhausen bei Hannover, nach Schönbrunn bei Wien und nach Pillnitz gelangt. Da Carl Adolph Terscheck erst 1782 geboren wurde, kann er bei seiner Geschichte nur auf ältere Berichte zurückgegriffen haben. Einen konkreten Anhaltspunkt für den Wahrheitsgehalt dieser und anderer Mitteilungen gibt es nicht. Letztlich dürfte die Pillnitzer Kamelie gegen Ende des 18. Jahrhunderts nach Sachsen gekommen sein (wahrscheinlich zwischen 1780 und 1790). Ihre Einführung beweist, welchen Rang Pillnitz bereits damals als Sammelstätte botanischer Seltenheiten besaß. Die erste Nachricht von einer in Dresden blühenden Kamelie stammt aus dem Jahre 1792. Es handelte sich dabei um eine Pflanze aus dem Herzogin-Garten.

Seit Anfang der 2000er Jahre fanden an verschiedenen Orten Untersuchungen der DNA der Kamelien in Pillnitz, Caserta (bei Neapel) und Campobello (bei Porto) statt. Das letzte Ergebnis aus dem Jahr 2016 ergab eine große genetische Übereinstimmung dieser drei berühmten alten Kamelien.

Die Pillnitzer Kamelie – Herkunft unbekannt

In dem Maße, wie das Interesse an der Pillnitzer Kamelie wuchs, verstärkten sich die Bemühungen, Genaueres über die Herkunft der Pflanze in Erfahrung zu bringen. Schon in der zweiten Hälfte des 19. Jahrhunderts wurden durch den Hofgärtner Albert Wentzel umfangreiche Recherchen angestellt. Ein positives Ergebnis erbrachten sie nicht. Im Jahre 1980 unternahm Fritz Kümmel von der Universität Halle-Wittenberg einen neuen Versuch, indem er in verschiedenen botanischen Gärten um Auskunft bat. Auch diesmal waren die Antworten ernüchternd.

»Was nun unsere Camellia japonica anbetrifft, so sind die Angaben darüber recht dürftig. Wie mir mein Vorgänger, der ehem. Leiter der Herrenhäuser Gärten, Herr Prof. K. H. Meyer erzählte, hat ihm Ende der 30er Jahre [des 20. Jahrhunderts, Anm. des Autors] ein alter Gärtner, der seit mindestens 1880 im Berggarten tätig war, gesagt, daß unsere Pflanze um 1880 bereits in Herrenhausen war und es sich um die Ende des 18. Jahrhunderts zusammen mit dem Pillnitzer Exemplar eingeführte Pflanze handele. Da zwischen der Zeit der Einführung und 1880 mithin jedoch 100 Jahre liegen, ist die letzte Sicherheit, daß es sich tatsächlich um die Originalpflanze handelt, nicht gegeben, obwohl eine hohe Wahrscheinlichkeit besteht ... An brauchbarer Literatur und alten Akten hat auch mein Vorgänger nichts gefunden.«
Herrenhäuser Gärten, Hannover

»Es war uns leider nicht möglich, trotz intensiver Nachforschungen in den Aufzeichnungen und Pflanzeninventaren einen konkreten Hinweis über die von Ihnen gesuchte Camelie zu finden. Wir haben von den einzelnen Pflanzensammlungen in größeren Zeitabständen Sammlungsnachweise, die aber über das Alter der Pflanzen keinen Nachweis erbringen. In den Kriegsjahren und bei Kriegsende sind fast sämtliche Glashäuser zerstört worden und es haben nur wenige Pflanzen überhaupt von den Sammlungen überlebt.«
Bundesgärten Wien Schönbrunn

»Zu ihrer Anfrage muß ich Ihnen leider mitteilen, daß bei uns keinerlei Aufzeichnungen über die in Frage stehende Kamelie vorhanden sind. Es reicht diese Frage in die Anfangszeit unseres Gartens zurück. Damals waren hier nur ein sehr kleines Gewächshaus und eine bescheidene Freifläche vorhanden. Alle wertvollen Pflanzen sind sicherlich in die kaiserlichen Gärten in Schönbrunn gekommen.«
Botanisches Institut & Botan. Garten der Universität Wien

»Wir können keinen Hinweis darauf finden, daß Thunberg jemals Pflanzen nach Kew sandte. Es ist bekannt, daß er während seines Aufenthalts in Japan 1775–1776 Samen und Pflanzen japanischer Arten erhielt und diese nach Schweden und Holland schickte. Er besuchte England 1779 (auf der Rückreise nach Schweden), um Kaempfers Material für eine von ihm geplante Flora von Japan zu sichten; aber es ist nichts darüber bekannt, daß er Pflanzen an den Botanischen Garten Kew abgegeben hat. Hätte er es getan, wäre diese Tatsache ganz sicher in Aitons Hortus Kewensis erwähnt worden, aber über Thunberg gibt es in dieser Arbeit keinen Hinweis.«
Royal Botanic Gardens Kew

◄ Abb. 83 Schloss Pillnitz und Kamelie, Postkarte, um 1907.

◄ Abb. 84 Der sächsische König Friedrich August III. im Kreis seiner Familie/Die Pillnitzer Kamelie, Postkarte, um 1905.

Abb. 85 Der Pillnitzer Kamelienbaum, Postkarte, um 1916.

Carl Adolph Terscheck, der die Pillnitzer Kamelie 1801 westlich des damals als Orangerie genutzten Ringrenngebäudes im »Konservationshaus« auspflanzte, gehörte zu einer der bekanntesten Gärtnerfamilien Sachsens. Über mehrere Generationen haben die Terschecks die sächsische Gartenbaugeschichte mitbestimmt. Sie konnten sich dabei allgemeiner Anerkennung gewiss sein. Ein Hofgärtner war kein gewöhnlicher Handwerker. Das Amt genoss hohes Ansehen und wurde häufig vom Vater auf den Sohn übertragen. Wer in Pillnitz, im Japanischen Palais oder einem der anderen königlichen Gärten eine Lehrstelle erhielt, hatte gute Zukunftschancen. Bei einigem Geschick stand er bald darauf im Dienst des Landesherrn. Für die Fürsten waren kenntnisreiche Gärtner eine Frage des Prestiges. Von ihnen wurde viel erwartet. Sie mussten sich auf das Zeichnen ebenso verstehen wie auf das Entwerfen von Gartenanlagen. Zu ihren Aufgaben zählten die Pflege der Gärten, die Versorgung der herrschaftlichen Tafel mit frischem Obst, Gemüse und Südfrüchten sowie die Ausgestaltung der Gemächer mit Pflanzen und Blumen. Da gute Gärtner rar waren, versuchte das zuständige Hausmarschallamt den Nachwuchs selbst heranzuziehen. Mit der Pensionierung von Carl Adolph Terscheck im Jahre 1865 wurde das Amt des Hofgärtners in Pillnitz offiziell abgeschafft. Für diesen und andere Gärten war nun ein Königlicher Gartendirektor zuständig.

Stammbaum der Familie Terscheck

Gottfried Terscheck

- kam Mitte des 17. Jahrhunderts mit den mährischen Brüdern nach Dresden
- betrieb eine eigene Gärtnerei
- Vater von Johann Matthäus Terscheck

Johann Matthäus Terscheck (1745 – 1809)

- 1767 – 1770 Gärtnerlehrling im kurfürstlichen Schlossgarten zu Lichtenburg
- Weiterbildung in Holland
- 30 Jahre Hofgärtner im Schlossgarten zu Elsterwerda
- 1806 – 1809 Hofgärtner im Palaisgarten Dresden
- Spezialist für die »Treiberei« und die Obst- und Gemüsegärtnerei
- Vater von Carl Adolph und Gottfried Terscheck

Abb. 86 Wilhelm Karl Juncker, Carl Adolph Terscheck, Öl auf Leinwand, 1852.

Carl Adolph Terscheck (1782–1869)

- 1797–1800 Ausbildung im Schlossgarten des Prinzen Xaver zu Zabeltitz
- 1800–1802 Geselle im Schlossgarten zu Pillnitz
- pflanzt im Mai 1801 die Pillnitzer Kamelie
- sechsjähriger Auslandsaufenthalt (Schönbrunn, Laxenburg, Paris)
- Gärtner bei Senfft von Pilsach in Eythra bei Leipzig
- ab 1809 Hofgärtner im Palaisgarten in Dresden
- unter seiner Leitung Anlage des englischen Teils des Palaisgartens, des Pillnitzer Lustgartens (1838) und weiterer Gartenanlagen (u.a. Zwingergarten, Antonsplatz, Bürgerwiese)
- Beteiligung an der Planung des Dresdner Botanischen Gartens

Johann Gottfried Terscheck (1784–1870)

- Adjunct im Palaisgarten und im Brühlschen Wallgarten
- ab 1820 akademisch-botanischer Gärtner im Botanischen Garten in Dresden
- ab 1823 Hofgärtner am Wallgarten
- 1832–1865 Hofgärtner im Pillnitzer Schlossgarten
- verantwortlich für die Umgestaltung des Pillnitzer Lustgartens und den Bau mehrerer Gewächshäuser (Pillnitzer Palmenhaus 1859)
- wahrscheinlich Schöpfer des Pflanzenverzeichnisses »Hortus Pillnitziensis« von 1859

Karl Ludwig Terscheck (1810–1893)

- Sohn von Carl Adolph Terscheck
- Gärtner in Pillnitz
- Studienreisen nach Italien, England, Frankreich und Österreich
- 35 Jahre Hofgärtner in den Wachwitzer Weinbergen

Otto Ferdinand Terscheck (1817–1868)

- Sohn von Gottfried Terscheck
- Verwalter der fiskalischen Weinberge in Pillnitz
- Gärtner im »Botanischen Garten« in Pillnitz

Abb. 87 Unbekannter Künstler, Camellia japonica, kolorierter Kupferstich, 1825.

Lange Zeit war die Pillnitzer Kamelie nur einem regionalen Publikum und botanisch Interessierten bekannt. Erst gegen Ende des 19. Jahrhunderts änderte sich das. Dafür gab es verschiedene Gründe: Einerseits hatte die Pflanze mittlerweile ein beachtliches Alter erreicht und wurde zunehmend eindrucksvoller. Ihre niemals endgültig geklärte Herkunft bot Raum für Spekulationen – was wiederum das Interesse verstärkte. Andererseits trug auch der sich entwickelnde Massentourismus zur Popularität der Kamelie bei. Die Stellung Dresdens als Kunstmetropole, die internationalen Gartenbauausstellungen und andere Ereignisse zogen große Besucherströme in die Stadt. Die im Baedeker verzeichnete Kamelie gehörte – zumindest im Frühjahr – zum Pflichtprogramm der Touristen. Als das Kamelienhaus 1905 Feuer fing und Teile der Pflanze in Mitleidenschaft gezogen wurden, berichteten viele Zeitungen über das Ereignis. Heute sind es die modernen Medien, die über den Pillnitzer Kamelienbaum informieren. Von Februar bis April senden fast alle Fernsehstationen des Landes Bilder der blühenden Pflanze. Auch im Internet (www.schlosspillnitz.de) wird auf die Kamelie und ihr fahrbares Schutzhaus verwiesen. Die botanische Attraktion des Pillnitzer Schlossparks ist so in ganz Deutschland berühmt geworden.

Heinrich Zerkaulen (1892–1945), um 1925
Lustschloß Pillnitz

»Von Dresden her bringt das Dampfboot Ausflügler. Sie tragen seidengestrickte Jumper, ungestillte Augen und den Wunsch nach Flirt in das Schloßrestaurant. Ach, und sehen nicht die verhängten Fenster des Palais und ahnen nichts vom Knistern wattierter Seidenportieren, die schon soviel Liebe und Kabale hier verdecken mußten. Und sehen nicht, wie alle Blumen in diesem Park das Küssen gelernt haben vom Anschauen soviel galanter Abenteuer. Sie trinken Bohnenkaffee und fragen zehn Wörter nach der berühmten Kamelie (nahe dem Venustempel), die August der II. vom Zaren einst zum Geschenk erhielt. Weil sie im Baedeker steht und nur ganz selten blüht. Weil sie viel zu keusch ist, um sich immer wieder von fremden Augen betasten zu lassen.«

Kurt Arnold Findeisen (1883–1963), um 1925
Schloß und Park Pillnitz

Es ist ein wenig Hochmut und verblichnes Glänzen
von gestern in dem Augenniederschlag der Jalusien
dass ein Vergleich mit ausgedienten Exzellenzen
sich aufdrängt. Doch im jung gebauschten Oleandergrün
will immer wieder Rausch und Wollust sich kredenzen.
Noch weiß der Strom die alte Barkarole. Schaukelnd ziehn
die rötlichen Chinesen noch am Fries. Und aus Kamelienkränzen lacht immer noch der Page Cherubin.

Abb. 88 Blühende Kamelie im Kamelienhaus.

Das Auspflanzen seltener Gewächse im »freien Grund« und ihr Schutz durch Winterhäuser sind aus verschiedenen Gärten überliefert. Auch in Pillnitz existierte seit 1782 ein solches Winterhaus für Magnolien, Feigenbäume und andere botanische Kostbarkeiten, das jeweils im Herbst auf- und im Frühjahr wieder abgebaut wurde. Man bezeichnete es als »Konservationshaus«. Dieses bestand aus Fachwerk, verfügte über zwei Öfen und neun große Südfenster. Die Entscheidung, die Kamelie hier mit einzupflanzen, war demnach gut überlegt. Von 1801 bis in die zweite Hälfte des 19. Jahrhunderts überwinterte sie in diesem Gebäude.

Abb. 90 Das zwölfeckige Kamelienhaus diente ab 1951 als Überwinterungshaus.

Die Geschichte des Pillnitzer Kamelienhauses

Wann genau die Pillnitzer Kamelie ein eigenes, einzelnes Schutzhaus bekam, ist nicht belegt. August von Minckwitz schreibt 1893: »In neuerer Zeit wird ... nur noch die Camelie überbaut, welche in jedem Frühjahr die Besucher durch reichen Blüthenschmuck erfreut.« (August von Minckwitz, Geschichte von Pillnitz vom Jahre 1403 an, Dresden 1893, S. 62). Der zuständige Gärtner musste sich den Auf- und Abbau jährlich im Königlichen Hofbauamt genehmigen lassen. Nach übereinstimmenden Berichten hatte das mit großen Fenstern ausgestattete »Konservationshaus« eine Abmessung von ungefähr acht mal zehn Metern. Ebenso wie das kleine Heizhaus von zwei mal zwei Metern bestand es fast vollständig aus Holz. Im Sommer wurden die Teile des Gebäudes in einem Schuppen eingelagert. Nach dem Brand vom Januar 1905 erhielt die Kamelie ein neues Winterhaus mit Warmwasserheizung.

Abb. 89 Die hölzerne Wintereinhausung wurde nach dem Brand am 3. Januar 1905, bei dem die Kamelie schwere Schäden im Kronenbereich erlitt, errichtet und bis 1951 genutzt.

Seit dem Ende des Zweiten Weltkrieges ließen sich in dem immer baufälligeren Gebäude nur noch die Fenster und das Dach entfernen. Die Gartenverwaltung entschloss sich daher, bei der Firma Weigelt einen Neubau in Auftrag zu geben. Das 1951 für 48 000 Mark errichtete Haus war zwölf-

Abb. 91 Das 1992 fertig gestellte neue, begehbare Kamelienhaus.

Kamelien im »freien Grund«

Schon in den dreißiger Jahren des 19. Jahrhunderts hatte sich unter Gärtnern und Floristen die Auffassung durchgesetzt, dass in Gewächshäusern gepflanzte Kamelien am besten gedeihen. Wo es sich einrichten ließ, wurden die Fensterdächer der Häuser im Sommer auch abgehoben. Die gefüllt blühenden Kamelien im Wolfstal bei Roßwein müssen bereits wenige Jahrzehnte nach dem Pillnitzer Exemplar im Gewächshaus ausgepflanzt worden sein. Sie können noch immer besichtigt werden. Gleiches gilt für die Kamelien der Königsbrücker Schlossgärtnerei.

eckig und mit bis zum Dach führenden Fenstern versehen. Die Heizungsrohre dienten gleichzeitig als tragendes Gerüst der Konstruktion. Obwohl es vollständig zerlegt werden konnte, begnügte man sich im Frühjahr aus Kostengründen mit dem Abbau der Wände und Fenster. Das Gestell aus Heizungsrohren blieb stehen, wodurch die Kamelie einen sonderbar eingesperrten Anblick bot.

Das heutige Schutzhaus der Kamelie existiert seit 1992. Temperatur, Belüftung, Luftfeuchte und Beschattung werden jetzt durch einen Klimacomputer geregelt. Das Haus ist 13,2 Meter hoch, wiegt 54 Tonnen und umfasst einen Luftraum von 1864 Kubikmetern. Bei einer Temperatur von vier bis sechs Grad Celsius verbringt die Kamelie hier die Zeit von Mitte Oktober bis Mitte Mai. Danach wird das Haus neben die Kamelie gerollt, so dass die Pflanze in der warmen Jahreszeit frei im Park steht. Die Kamelie wurde am 16. Januar 2020 durch den Pillnitzer Gartenmeister Thomas Riedel und seine Mitarbeiter neu vermessen. Der Kamelienbaum hat mittlerweile eine Höhe von 8,94 Metern, einen Kronendurchmesser von 11,90 Metern und einen Umfang von 37,38 Metern erreicht. Der Stammumfang direkt am Boden beträgt 2,22 Meter. Von Mitte Februar bis Mitte April sind Zehntausende karminrote Blüten zu bewundern. Die Kamelienblüten sind glockenförmig und ungefüllt. Sie besitzen nur wenige Blütenblätter. Die Blüten duften nicht.

Abb. 92 Schloss Pillnitz, Orangerie.

Abb. 93 Schloss Pillnitz, Bergpalais mit Lustgarten.

Die Pillnitzer Kamelie – Eine Chronik in Meldungen und Berichten

»Eine vortreffliche Einrichtung ist es, daß eine Menge zärtlicher mittelländischer und nordamerikanischer Bäume, z.B. Cercis Siliquastrum, die Magnolien, Feigenbäume, Granaten u.s.f. im Freyen stehen, und daß im Winter um den ganzen Platz, wo sie stehen, ein hölzernes Haus aufgeführt wird, wovon der Frost im Winter durch zwei Windöfen abgehalten wird. Das Haus ist von Fachwerk: und die Fächer sind mit doppelten Brettern versehen, deren Zwischenraum mit Baumlaub ausgefüllt wird. An der Südseite des Hauses werden neun große Fenster eingesetzt. Es gewährt einen köstlichen Anblick, unter den blühenden Johannisbrotbäumen, Magnolien, Nyssen und ähnlichen seltenen Bäumen umher zu gehen.«
Gartenzeitung, 1804

»Hier befindet sich auch das 1782, also im Geburtsjahre der Prinzessin Auguste, angelegte Winterhaus, welches um so bemerkenswerter ist, als dasselbe eine Menge von Pflanzen enthält, welche wohl nur sehr selten zu einer solchen Größe und Stärke außer ihrem Vaterlande angetroffen werden, was aber daher kommt, daß diese Gewächse alle im freien Boden stehen. Im Winter werden dieselben überbaut und erhalten durch Oefen die nöthige Wärme. Wir erwähnen hier als besonders schöne Exemplare: Laurus camphora, Melia Azedarach, Sterculia plantanifolia, Laurus indicus, Arbutus Unedo, Magnolia grandiflora, Diospyros Lotus ... die echte Korbeiche, Camellia japonica fl. simpl., 1801 gepflanzt, hat einen Umfang von beinahe 30 Ellen.«
Dresdner Tageblatt, 1847

»Der königl. botanische Garten zu Pillnitz unter Hrn. Hofgärtner Terschecks Direction, in reizender Gegend am rechten Elbufer gelegen, mit herrlichen Anlagen in englischem Geschmack und mit schönen Blumenparthien am Palaisplatz ist ausgezeichnet. Der Park durch prächtige alte, zum Theil nordamerikanische Bäume und durch ein Winterhaus geziert, in welchem schöne grosse alte Exemplare von Magnolien, Vitex Agnus, Cactus, Laurus nobilis, einer grossen Camellia japonica (wohl eine der ältesten in Deutschland) und vieler anderer Prachtexemplare, die im Sommer eine Parthie im Freien bilden, in Erstaunen setzen und Bewunderung erregen.«
Gartenflora Deutschlands und der Schweiz, 1853

»Das Alter der Camellia wird auf 110 Jahre geschätzt. Genau kann man nicht angeben, ob dieselbe Ende der 70er oder Anfang der 80er Jahre vergangenen Jahrhunderts von dem botanischen Garten in Kew bei London dorthin gesendet wurde. Der Schwede Karl Peter Thunberg soll bei seiner zweiten Anwesenheit in Japan ... vier Stück Camellien nach Kew gesendet haben und von dort aus sind drei von diesen vieren, je eine nach Herrenhausen bei Hannover, Schöneberg bei Berlin und Pillnitz gekommen ... Der obengenannte Hofgärtner Terscheck ... pflanzte fragliche Camellie im Monat Mai 1801, dem Geburtsjahre des seligen Königs Johann, an den Ort, wo sie heute noch steht. Von diesen vier Schwestern, so könnte man etwa die vier Originale bezeichnen, lebt nur noch, in unveränderlicher Schönheit und jugendlicher Kraft, bei meinem Dortsein wieder mit einem reizenden Blumenkleide geschmückt, die Pillnitzer.«
Garten-Zeitung, 1885

»Während der Sommerzeit steht die Pillnitzer Camellia vollständig im Freien, während der übrigen Jahreszeit erhält sie Ueberdachung eines zusammenlegbaren Bretterhauses mit Oberlicht ... Die Camellia hat einen Umfang von 33 m, eine Höhe von 6 $^1/_2$ m und einen Durchmesser von 6 $^1/_2$ resp. 8 m, da sie länger als breit ist. Der Boden besteht zum grössten Theil aus Lehm. Seit dem Jahre 1883 befindet sich in nächster Nähe [eine] Wasserleitung, die es ermöglicht, die Pflanze jetzt feuchter zu halten, als es früher der Fall sein konnte. Alljährlich empfängt sie nach dem Trieb ein ziemliches Fass Kuhjauche als Düngung; was ihr sehr behagt.«
Garten-Zeitung, 1885

»Diese ursprünglich wild-wachsende, reine Urform der schönen Pflanze kam noch weit früher, als Curtis dieselbe als große Seltenheit abgebildet hat, auch nach Sachsen, da König Friedrich August das Exemplar, welches in dem großen Winterhause des Pillnitzer Schlossgartens, den ganzen Sommer über freistehend, gegenwärtig seine Lebensgröße als staatlicher Baum von mehr als 20 Fuß Höhe in pyramidalem Wuchse erreicht hat und alljährlich mit seinen bescheidenen Blüthen bis Anfang Juni wie das ganze Jahr hindurch mit Früchten geschmückt ist, schon im Jahre 1771 erhalten hat. Es ist ein ehrwürdiger Eindruck, den der Beschauer bei dieser neunundachtzigjährigen Camellienmutter empfindet, wenn er erwägt, daß hier ein organisiertes Wesen in der weitesten Ferne ursprünglich erzeugt, in dem heimischen Boden vertrauensvoll wurzelnd, alljährlich und trotz aller Stürme der wechselnden Zeit, lebensfrisch und jugendlich blühend und kräftig fruchttragend, als lebendiges Denkmal die hohe wissenschaftliche Weihe eines in der dankbarsten Erinnerung seines Volkes unsterblichen Schöpfers dieser herrlichen Anlagen den kommenden Generationen immer wieder von Neuem verkündet.«
Dresdner Journal und Anzeiger, 1851

»Vor etwa hundert Jahren sandte der damalige Kaiser von China drei Kamelienbäumchen nach Europa. Das eine kam nach Pillnitz, das andere nach Frankfurt a.M. und das dritte nach St. Petersburg. In Frankfurt a. Main ist das eine Kamelienbäumchen eingegangen, die beiden anderen aber bestehen noch heute, und besonders prächtig gedeiht der Fremdling aus Ostasien in dem Garten des königlich sächsischen Lustschlosses Pillnitz. Gegenwärtig hat der Baum eine Höhe von ungefähr 8 $^1/_2$, mit dem Gezweig eine Breite von 7 $^1/_2$ und einen Umfang von etwa 21 m. Während der kalten Jahreszeit erhält er natürlich ein dicht verschlossenes, mit Fenstern versehenes Bretterhaus, das entsprechend geheizt wird, da die Temperatur nicht unter + 5 °R. sinken darf.«
Die Gartenlaube, 1898

»Von den 4 Camellia japonica-Pflanzen, die Ende des 18. Jahrhunderts nach Europa kamen, wurde 1 Exemplar dem Pillnitzer Garten einverleibt und 1801 durch den Hofgärtner Terscheck in ein besonders angelegtes Beet ins Freie eingesetzt; sie hat ihre 3 Gefährtinnen überlebt und steht noch jetzt im Alter von reichlich 100 Jahren gesund und kräftig da, alle Frühjahre eine Fülle einfacher, kleiner rother Blüthen bringend. Bei etwa 9,0 m Höhe und 8,5 m Durchmesser der grossen buschigen Pflanze hat der Hauptstamm in einer Entfernung von 30 cm über der Erde etwa 33 cm Durchmesser. Das botanisch hochinteressante Exemplar wird im Herbste mit einem heizbaren Schutzhause überbaut.«
Flora. Sächsische Gesellschaft für Botanik und Gartenbau, 1899

»Am 3. Januar morgens gegen 6 Uhr geriet im Schloßgarten zu Pillnitz das Holzhaus in Brand, das im Winter den berühmten Pillnitzer Kamelienbaum vor der Kälte zu schützen bestimmt ist, und in Dresden verbreitete sich im Laufe des Tages rasch das Gerücht, der Kamelienbaum sei vollständig verbrannt. Glücklicherweise ist dies nicht der Fall; nur der Dachstuhl ist vollständig verbrannt, die darunter befindliche gerade Decke aber, die mit feuchtem Laub bedeckt war, hat standgehalten, und so hat der Kamelienbaum wohl durch den eindringenden Rauch starken Schaden erlitten, indem einige Teile des Blätterbestandes erstickt wurden, doch hofft man den Baum selbst erhalten zu können: eine erhebliche Anzahl von den Zweigen muß zurück geschnitten werden. Hoffentlich wird das ältere Holz dann von neuem treiben und der Baum in einigen Jahren seine bisherige Schönheit wiedererlangen. Über die Ursache des Brandes ließ sich nichts Näheres feststellen, indes ist das Feuer offenbar von dem außen angebrachten Heizhäuschen ausgegangen, von dem die Flamme auf das Dach übergesprungen ist. Die Wände selbst haben nur an der einen Ecke Feuer gefangen, den herbeieilenden Spritzen gelang es, das Feuer zu dämpfen, ehe es sich so weit ausbreitete, daß das Haus zum Unheil des Baumes in sich zusammengestürzt wäre.«
Illustrirte Zeitung, 1905

»Der Kamelienbaum im Schlossgarten zu Pillnitz bei Dresden, welcher durch den Brand seines Schutzhauses am 3. Januar des Jahres ... so arg gelitten hatte, daß man seine gänzliche Vernichtung befürchten konnte, erholt sich doch wieder und hat aufs neue üppig getrieben. Zum Schutze vor allzu intensiven Sonnenstrahlen hatte man ihm im Sommer einen Schutzbau aus Stengeln errichtet. Seine armstarken Äste mußten allerdings sehr stark zurückgeschnitten werden. Aber das Wachstum wird bei der sorgfältigen Pflege, und bei dem doch vorhandenen unbeschädigten Wurzelvermögen voraussichtlich auch in den kommenden Jahren ein um so üppigeres sein und der seltene Baum in späterer Zeit durch dieses inhaltsreiche Blatt in seiner Geschichte um so mehr das allgemeine Interesse erregen.«
Die Gartenwelt, 1905

Abb. 96 Das leere Kamelienhaus im Sommerhalbjahr.

»Der berühmte, 300 Jahre alte Kamelienbaum im englischen Garten des Pillnitzer Schlosses bei Dresden ist, dem ›Hannoverschen Courier‹ zufolge, durch den Brand des Schutzhauses, in dem er jetzt im Winter untergebracht ist, stark beschädigt worden. Das Feuer brach ganz plötzlich aus und vernichtete den Dachstuhl des Hauses. Die gewaltige Hitze schadete dem Baum ebenso, wie die nach Löscharbeiten an ihn herandringende Eiseskälte ... Doch hofft man, die seltene, 8 m hohe Kamelie, die eine Krone von 27 m aufweist und als das älteste und herrlichste im Freien wachsende Exemplar des Kontinents gilt, zu retten, da nach einem starken Zurückschneiden der Zweige ein Austreiben aus dem älteren Holze zu erwarten ist. Der Baum war ein besonderer Liebling des verstorbenen Königs Georg. Er stammt aus Japan und wurde im Jahre 1739 als ein Geschenk des Zaren an den Kurfürsten Friedrich August II. im Pillnitzer Schloßgarten angepflanzt.«
Die Gartenkunst, 1905

»Im Schloßgarten zu Pillnitz steht ein Kamellienbaum, der eine Höhe von 7 m und einen Stammumfang von 1,50 m aufweist. Im Winter wird um diese Kamellie ein Haus gebaut, welches mittels Warmwasserheizung geheizt wird; die Unterhaltungskosten dieses in Deutschland wohl einzigartigen Baumes betragen pro Jahr 800 Reichsmark ... Die Camellia japonica im Pillnitzer Schloßgarten wurde im Jahre 1801 gepflanzt. Vor einigen Jahren brannte im Winter das Schutzhaus zum Teil ab, durch schnelles Eingreifen der Schloßgärtner konnte die Pflanze gerettet werden.«
Die Gartenwelt, 1925

◄ Abb. 94 Die Verschiebung des Pillnitzer Kamelienhauses erfolgt im Frühjahr und im Herbst.

Abb. 95 Pillnitzer Kamelienblüte.

Bibliografie (Auswahl)

Periodika

Allgemeine deutsche Garten-Zeitung, Frauendorf 1826–1832

Allgemeines Teutsches Garten-Magazin, Weimar 1805–1808, 1818

Almanach und Taschenbuch für Garten-Freunde, Leipzig 1798

Annalen der Blumisterei für Gartenbesitzer, Kunstgärtner, Samenhändler und Blumenfreunde, Nürnberg und Leipzig 1825–1833, 1835–1836

Annalen der Gärtnerey, Erfurt 1800

»Der Blumen- und Pflanzenbau« vereinigt mit »Die Gartenwelt«, Berlin 1931, 1942

Chronik des Gartenwesens und Feuilleton der Isis, Meißen 1851

Blumenzeitung, o.O. 1839

Deutsche-Gartenzeitung, Leipzig 1864

Dresdner Journal und Anzeiger, Dresden 1851

Dresdner Tageblatt, Dresden 1847

Flora. Sächsische Gesellschaft für Botanik und Gartenbau, Dresden 1899

Gartenflora Deutschlands und der Schweiz, Erlangen 1853

Die Gartenlaube, Illustriertes Familienblatt, Leipzig 1898

Die Gartenwelt, Berlin und Leipzig 1913, 1923, 1925–1927, 1931 bis 1933, 1939, 1949, 1951, 1954

Die Garten-Zeitung, Berlin 1885

Gartenzeitung, Halle 1803–1804

Illustrirte Zeitung, Leipzig 1858, 1905

Mitteilungen auf dem Gebiete der Flora und Pomona, Dresden und Leipzig 1829 (Beilage der Dresdner Abendzeitung)

Mitteilungen der Deutschen Dendrologischen Gesellschaft, Wendisch-Wilmersdorf 1920

Neuberts Deutsches Garten-Magazin, München 1896, 1899

Sitzungsberichte und Abhandlungen. (Königlich) Sächsische Gesellschaft für Botanik und Gartenbau »Flora« zu Dresden, Dresden 1901–1942/43

Taschenbuch für Garten-Freunde, Leipzig 1795, 1797, 1799

Verhandlungen des Vereins zur Beförderung des Gartenbaus in den Königlich Preußischen Staaten, Berlin 1843

Literatur

Allinger, Gustav: Das Hohelied von Gartenkunst und Gartenbau. 150 Jahre Gartenbau Ausstellungen in Deutschland, Berlin/Hamburg 1963

Berlèse, Lorenzo: Iconographie du genre Camellia, 3 Bde., Paris 1841–1843

Bogel, Cynthea J./Marks, Alfred H./Goldman, Israel: Hiroshige. Blumen und Vögel, Farbholzschnitte aus der Rockefeller Collection of Japanese Art im Museum of Art der Rhode Island School of Design, München 1988

Abb. 97 Von Mitte Februar bis April ist das Pillnitzer Kamelienhaus mit der blühenden Pflanze für Besucher geöffnet.

Bräutigam, Herbert/Morper, Cornelia (Hrsg. Gothaer Kultur- und Fremdenverkehrsbetriebe): »... über den ziehenden Wolken des Fuji ...«, Ausstellungskatalog, Sonderausstellung 12. 8. – 29. 10. 2000 auf Schloss Friedenstein Gotha, Gotha 2000

Braunsdorf, B.: Die Herstellung künstlicher Blumen, Wien – Leipzig 1892

Carl von Linné und die deutschen Botaniker seiner Zeit. Ausstellung zum 300-jährigen Bestehen des Botanischen Gartens im Rahmen des 500-jährigen Jubiläums der Eberhard-Karls-Universität, 3. – 10. Juni 1977, Tübingen 1977

Coats, Alice M.: Garden shrubs and their histories, London 1963

Coats, Peter: Flowers in history, London 1970

The Court of Flora. Les Fleurs Animées. The engraved illustrations of J. J. Grandville, New York 1981

Dänhardt, Walter: 100 Jahre Flora (1826 – 1926), Festschrift aus Anlaß des hundertjährigen Bestehens der Flora, Sächsische Gesellschaft für Botanik und Gartenbau in Dresden, Dresden 1926

Dülmen, Andrea van: Das irdische Paradies. Bürgerliche Gartenkultur der Goethezeit, Köln/Weimar/Wien 1999

Durrant, Tom: The Camellia Story, Auckland 1982

Dumas, Alexandre: Die Kameliendame. Schauspiel in fünf Akten, Stuttgart 1974

Ders.: Die Kameliendame, München 1993

100jähriges (Einhundertjähriges) Jubiläum der Firma T. J. Seidel, Laubegast. In: Flora, Dresden 1913

Erinnerungsblätter zur Feier des 100jährigen Bestehens der Firma T. J. Seidel – Laubegast – Dresden am 24. Juni 1913, Dresden 1913

Fischer, Peter: Kamelien. Allgemeine Einführung in die Kultur der Kamelie, Celle 1989

Gicklhorn, Josef und Renée: Georg Joseph Kamel S. J. (1661 – 1706), Apotheker, Botaniker, Arzt und Naturforscher der Philippineninseln, Eutin 1954

Grandville, J. J.: Die beseelten Blumen. Mit Gedichten ausgewählt von Marianne Beuchert und mit einem Nachwort von Karl Krolow, Frankfurt am Main 1981

Haikal, Mustafa: Der Kamelienwald. Die Geschichte einer deutschen Gärtnerei, Leipzig 2000

Heide, Annie von der Nollen, Bernard: ... und eine kleine Blume muß man haben, Blumenzauber aus der Zeit Hans Christian Andersens, Köln 1984

Die Jubiläums-Gartenbau-Ausstellung Dresden 1926, Berlin-Westend 1926

Kaempfer, Engelbert: Amoenitatum Exoticarum Politico, Physico-Medicarum, Lemgoviae 1712

Kümmel, Fritz: Zur Geschichte der zwei ältesten Kamelien in der DDR. In: Beiträge zur Gehölzkunde, Berlin 1983

Lichtwark, Alfred: Markartbouquet und Blumenstrauss, Berlin 1905

Macoboy, Stirling: The colour dictionary of camellias, Sydney/Auckland/London/New York 1984

Mazzariol, Emma Stojkovic: Frankreich. Klassische Reiseziele. Das Schloß Malmaison bei Paris, Novara 1989

Meister, George: Der Orientalisch-Indianische Kunst- und Lust-Gärtner, Dresden 1692

Musgrave, Toby/Gardner, Chris/Musgrave, Will: Pflanzensammler und -entdecker, München 1998

Naumann, Arno: Dresdens Gartenbau bis zur Gründungszeit der »Flora« Gesellschaft für Botanik und Gartenbau in Dresden. Eine Festschrift zur Siebzigsten Stiftungs-Feier der Genossenschaft »Flora«, Dresden 1896

Peper, Klaus: The Seidel Knapsack Story. Seidel's Kamelien Tornister, Manuskript, o. O., o. J.

Ders.: Libri Selecti Camelliae, o. O, o. J.

Pohl, Friedrich: Handbuch der Gärtnerey für Gartenbesitzer und Gartenliebhaber, Leipzig 1821

Riedel, Matthias: Wie die Kamelien nach Zuschendorf kamen, Manuskript, Pirna-Zuschendorf 1999

Schimmler, Gerhard: Die Entwicklung der Kamelien-, Azaleen- und Erikenkulturen Deutschlands unter besonderer Berücksichtigung des sächsischen Anbaugebiets, Diss. A, Würzburg-Aumühle 1934

Schnieber, Hans-Rudolf: Die Entwicklung des Zierpflanzenbaues von 1800 – 1939 am Beispiel Dresdens, Diss. A, Hannover 1958

Seidel, Jacob Friedrich: Ueber die Kultur der Camellien. In: Verhandlungen des Vereins zur Beförderung des Gartenbaues in den Königlich-Preußischen Staaten, Sechster Band, Berlin 1830 (Libri Selecti Camelliae, Bd. 3, Internationale Deutsche Kamelienbücherei, hrsg. von Klaus Peper, Homburg-Saar 1996)

Seidel, Jacob Traugott (d. i. Jacob Friedrich Seidel): Ueber die Camellien-Cultur und deren Fortschritte in neuerer Zeit. In: Mitteilungen über Flora, Gesellschaft für Botanik und Gartenbau in Dresden, Erster Band, Viertes Heft, Dresden 1848 (Libri Selecti Camelliae, Bd. 4, Internationale Deutsche Kamelienbücherei, hrsg. von Klaus Peper, Homburg-Saar 1996)

Seidel, Traugott Jacob: Anleitung zur Cultur und Vermehrung der Camellien, Dresden 1837

Seidel, Traugott Jacob: Pflanzen-Catalog, Dresden 1846

Soulange-Bodin, Étienne: Über die Pflege der Camellien, frei bearbeitet und vermehret von Friedrich August Lehmann in Dresden, Dresden 1828

Stephan, Peter: Des Lebens Dernier Cri. Ein Lauf- und Lesebuch über Pariser Friedhöfe, Bühl-Moos 1985

Tergit, Gabriele: Kleine Geschichte der Blumen, Frankfurt a. Main/Berlin/Wien 1981

Theuß, Theodor: Allgemeines Blumen-Lexikon oder Beschreibung aller bis jetzt in Teutschland bekannten in- und ausländischen Gartenblumen und Ziergewächse, mit Anweisung zu ihrer Behandlung, Bd. 1, Weimar 1811

Urban, Helga und Klaus: Schöne Kamelien, Stuttgart 1995

Verschaffelt, Ambroise Alexandre: Nouvelle iconographie des camèllias, Gent 1848 – 1860

Vogel, Hellmut: Azaleen. Eriken. Kamelien, Berlin und Hamburg 1982

Whittle, Tyler: Pflanzenjäger. Die abenteuerliche Suche nach dem grünen Gold, München 1971

Wiese, Heidi: Rendezvous mit den Toten, Spaziergänge über Pariser Friedhöfe, Bielefeld/Münster 1993

Wotte, Herbert: Pillnitz und seine Umgebung, Leipzig 1986

Zimmer, Karl: Kameliensammlung unter Denkmalschutz. In: Deutscher Gartenbau, 47/1994

Abbildungsnachweis

Abb. 1 · Foto: Uwe Meschke.

Abb. 2 · Staatliche Schlösser, Burgen und Gärten Sachsen gemeinnützige GmbH, Schloss & Park Pillnitz. Foto: Wolfgang Friebel.

Abb. 3 · Foto: Uwe Meschke.

Abb. 4 · Staatliche Schlösser, Burgen und Gärten Sachsen gemeinnützige GmbH, Schloss & Park Pillnitz. Foto: Matthias Lüttig.

Abb. 5 · Museum of Art/Rhode Island School of Design (RISD), gift of Mrs. John D. Rockefeller Jr., Providence/USA, Inv.-Nr. 34.288.1. Foto: Erik Gould. Mit freundlicher Genehmigung/Courtesy of the RISD Museum, Providence, RI.

Abb. 6 und 7 · Sammlung Jäckisch, Bochum.

Abb. 8 · Staatliches Museum für Völkerkunde München, ex Slg Preetorius, Inv.-Nr. 77-11-181. Aus: Herbert Bräutigam/Cornelia Morper (Hrsg. Gothaer Kultur- und Fremdenverkehrsbetriebe), »... über den ziehenden Wolken des Fuji ...«, Ausstellungskatalog, Sonderausstellung 12. 8.–29. 10. 2000 auf Schloss Friedenstein Gotha, Gotha 2000, Kat.-Nr. 359.

Abb. 9 · Staatliches Museum für Völkerkunde München, ex Slg Hayashi, Inv.-Nr. 27-28-7. Aus: Herbert Bräutigam/Cornelia Morper (Hrsg. Gothaer Kultur- und Fremdenverkehrsbetriebe), »... über den ziehenden Wolken des Fuji ...«, Ausstellungskatalog, Sonderausstellung 12. 8.–29. 10. 2000 auf Schloss Friedenstein Gotha, Gotha 2000, Kat.-Nr. 396.

Abb. 10 · Privatbesitz. Aus: Takeshi Watanabe, Chinka-zufu (Kollektion japanischer Kamelienillustrationen), Tokio, 1969.

Abb. 11 · Aus: Der Orientalisch-Indianische Kunst- und Lust-Gärtner, Dresden, 1692. Sammlung W. Michel, Fukuoka. https://de.wikipedia.org/wiki/Datei:Georg_Meister_-_Botaniker.jpg

Abb. 12 · Stiftung Schloss Friedenstein Gotha, Inv.-Nr. J 30 L. Aus: Herbert Bräutigam/Cornelia Morper (Hrsg. Gothaer Kultur- und Fremdenverkehrsbetriebe), »... über den ziehenden Wolken des Fuji ...«, Ausstellungskatalog, Sonderausstellung 12. 8.–29. 10. 2000 auf Schloss Friedenstein Gotha, Gotha 2000, Kat.-Nr. 113.

Abb. 13 · Stiftung Schloss Friedenstein Gotha, Inv.-Nr. J 31 L. Aus: Herbert Bräutigam/Cornelia Morper (Hrsg. Gothaer Kultur- und Fremdenverkehrsbetriebe), ... über den ziehenden Wolken des Fuji ..., Ausstellungskatalog, Sonderausstellung 12. 8.–29. 10. 2000 auf Schloss Friedenstein Gotha, Gotha 2000, Kat.-Nr. 111.

Abb. 14 · Klassik Stiftung Weimar, Bestand Herzogin Anna Amalia Bibliothek. Aus: Jacob Ernst von Reider, Annalen der Blumisterei, Nürnberg und Leipzig, Drittes Heft, 1835. Foto: Sigrid Geske.

Abb. 15 · Aus: Engelbert Kaempfer, Amoenitatum Exoticarum Politico, Physico-Medicarum, Lemgoviae 1712, S. 851.

Abb. 16 · Aus: Der Orientalisch-Indianische Kunst- und Lust-Gärtner, Dresden, 1692.

Abb. 17 · Porzellansammlung, Inv.-Nr. P.O. 6863, Staatliche Kunstsammlungen Dresden, Foto: Jürgen Karpinski.

Abb. 18 · Klassik Stiftung Weimar, Bestand Herzogin Anna Amalia Bibliothek. Aus: Allgemeines Teutsches Garten-Magazin, Weimar, Heft 1, 1818. Foto: Sigrid Geske.

Abb. 98, 99, 100 Pillnitzer Kamelienblüten.

Abb. 19 · Klassik Stiftung Weimar, Bestand Herzogin Anna Amalia Bibliothek. Aus: Jacob Ernst von Reider, Annalen der Blumisterei, Nürnberg und Leipzig, Drittes und viertes Heft, 1836. Foto: Sigrid Geske.

Abb. 20 · Klassik Stiftung Weimar, Bestand Herzogin Anna Amalia Bibliothek. Aus: Jacob Ernst von Reider, Annalen der Blumisterei, Nürnberg und Leipzig, Zweites Heft, 1833. Foto: Sigrid Geske.

Abb. 21 · Klassik Stiftung Weimar, Bestand Herzogin Anna Amalia Bibliothek. Aus: Jacob Ernst von Reider, Annalen der Blumisterei, Nürnberg und Leipzig, Erstes Heft, 1830. Foto: Sigrid Geske.

Abb. 22 · Aus: K. G. Meise, Camelius, Wien 1955.

Abb. 23 · Aus: Josef und Renée Gicklhorn, Georg Joseph Kamel S. J. (1661–1706), Apotheker, Botaniker, Arzt und Naturforscher der Philippineninseln, Eutin 1954, Abb. 6.

Abb. 24 · Archiv Botanische Sammlungen der Technischen Universität Dresden, Pirna-Zuschendorf. Aus: Lorenzo Berlèse, Iconographie du genre Camellia, Band II, Paris 1843.

Abb. 25 · Privatbesitz. Aus: Ambroise Alexandre Verschaffelt, Nouvelle iconographie des camèllias, Gent 1848–1860.

Abb. 26 · Klassik Stiftung Weimar, Bestand Herzogin Anna Amalia Bibliothek. Aus: Jacob Ernst von Reider, Annalen der Blumisterei, Nürnberg und Leipzig, Zweites Heft, 1830. Foto: Sigrid Geske.

Abb. 27 · Archiv Botanische Sammlungen der Technischen Universität Dresden, Pirna-Zuschendorf. Aus: Lorenzo Berlèse, Iconographie du genre Camellia, Band I, Paris 1841.

Abb. 28 · Aus: Toby Musgrave/Chris Gardner und Will Musgrave: Pflanzensammler und -entdecker, München 1998.

Abb. 29 · Privatbesitz. Aus: Kunst und Antiquitäten, München, Heft V/1985.

Abb. 30 · Klassik Stiftung Weimar, Bestand Herzogin Anna Amalia Bibliothek. Aus: Jacob Ernst von Reider, Annalen der Blumisterei, Nürnberg und Leipzig, Drittes und viertes Heft, 1836. Foto: Sigrid Geske.

Abb. 31 · Klassik Stiftung Weimar, Bestand Herzogin Anna Amalia Bibliothek. Aus: Jacob Ernst von Reider, Annalen der Blumisterei, Nürnberg und Leipzig, Zweites Heft, 1836. Foto: Sigrid Geske.

Abb. 32 und 33 · Klassik Stiftung Weimar, Bestand Herzogin Anna Amalia Bibliothek. Aus: Jacob Ernst von Reider, Annalen der Blumisterei, Nürnberg und Leipzig, Drittes und viertes Heft, 1836. Foto: Sigrid Geske.

Abb. 34 · Klassik Stiftung Weimar, Bestand Herzogin Anna Amalia Bibliothek. Aus: Jacob Ernst von Reider, Annalen der Blumisterei, Nürnberg und Leipzig, Erstes Heft, 1836. Foto: Sigrid Geske.

Abb. 35 · National Gallery of Denmark, Statens Museum for Kunst, København/Denmark, SMK Photo/ Jakob Skou-Hansen.

Abb. 36 · Aus: Heinrich Seidel, Hundert Jahre Dresdner Sonderkulturen. In: Walter Dänhardt, 100 Jahre Flora (1826–1926), Festschrift aus Anlaß des hundertjährigen Bestehens der Flora, Sächsische Gesellschaft für Botanik und Gartenbau in Dresden, Dresden 1926, S. 108.

Abb. 37 · Archiv Baumschule T. J. Rudolf Seidel, Familie Schröder, Grüngräbchen.

Abb. 38 · Aus: Traugott Jacob Seidel, Anleitung zur Cultur und Vermehrung der Camellien, Dresden 1837. In: Walter Dänhardt, 100 Jahre Flora (1826–1926), Festschrift aus Anlaß des hundertjährigen Bestehens der Flora, Sächsische Gesellschaft für Botanik und Gartenbau in Dresden, Dresden 1926.

Abb. 39 · Aus: Heinrich Fischer, Vermehrung, Veredlung und Behandlung der Camellia japonica, Freiburg im Breisgau, 1836.

Abb. 40 · Aus: Walter Dänhardt, 100 Jahre Flora (1826–1926), Festschrift aus Anlaß des hundertjährigen Bestehens der Flora, Sächsische Gesellschaft für Botanik und Gartenbau in Dresden, Dresden 1926, S. 81.

Abb. 41 · Aus: Walter Dänhardt, 100 Jahre Flora (1826–1926), Festschrift aus Anlaß des hundertjährigen Bestehens der Flora, Sächsische Gesellschaft für Botanik und Gartenbau in Dresden, Dresden 1926, S. 8.

Abb. 42, 43, 44 und 45 · Archiv Baumschule T. J. Rudolf Seidel, Familie Schröder, Grüngräbchen.

Abb. 46, 47 und 48 · Archiv Botanische Sammlungen der Technischen Universität Dresden, Pirna-Zuschendorf.

Abb. 49 · Foto: Uwe Meschke.

Abb. 50 · Archiv Botanische Sammlungen der Technischen Universität Dresden, Pirna-Zuschendorf.

Abb. 51 und 52 · Aus: Pierre Joseph Redouté, Choix des plus belles fleurs prises dans différentes familles, Paris 1827–1833.

Abb. 53 · Archiv Botanische Sammlungen der Technischen Universität Dresden, Pirna-Zuschendorf. Aus: Lorenzo Berlèse, Iconographie du genre Camellia, Band II, Paris 1843.

Abb. 54 und 55 · Privatbesitz. Aus: Ambroise Alexandre Verschaffelt, Nouvelle iconographie des camèllias, Gent 1848–1860.

Abb. 56 · Archiv Botanische Sammlungen der Technischen Universität Dresden, Pirna-Zuschendorf. Aus: Lorenzo Berlèse, Iconographie du genre Camellia, Band I, Paris 1841.

Abb. 57 · bpk/ Hamburger Kunsthalle, Foto: Elke Walford.

Abb. 58 · Privatbesitz.

Abb. 59 · Aus: J. J. Grandville, Les Fleurs animées, 1847.

Abb. 60 · Wallraf-Richartz-Museum & Fondation Corboud, Köln, Inv.-Nr. WRM 2593, Foto: Rheinisches Bildarchiv Köln.

Abb. 61, 62 und 63 · DFF – Deutsches Filminstitut & Filmmuseum, Frankfurt am Main/Plakatarchiv.

Abb. 64 · Aus: Programmheft der Oper Leipzig zu »La Traviata«, Leipzig 1996.

Abb. 65 · bpk/Kunstbibliothek, SMB, Foto: Knud Petersen.

Abb. 66 · ©DEFA-Stiftung/Rene Vinke.

Abb. 67 · Privatbesitz.

Abb. 68 · Archiv Baumschule T. J. Rudolf Seidel, Familie Schröder, Grüngräbchen.

Abb. 69 · Kunstforum Ostdeutsche Galerie, Regensburg.

Abb. 70 · SLUB Dresden/Deutsche Fotothek/Foto: Rudolph Kramer.

Abb. 71 und 72 · Foto: Matthias Riedel.

Abb. 73 · Staatliche Schlösser, Burgen und Gärten Sachsen gemeinnützige GmbH, Schloss & Park Pillnitz, Schloss Pillnitz. Foto: Hans Peter Klut.

Abb. 74 und 75 · Privatbesitz. Fotos: Frank Speckhals.

Abb. 76 · Archiv Mustafa Haikal, Leipzig.

Abb. 77 · Staatliche Schlösser, Burgen und Gärten Sachsen gemeinnützige GmbH, Schloss & Park Pillnitz. Foto: Wolfgang Friebel.

Abb. 78 · Archiv Mustafa Haikal, Leipzig.

Abb. 79 · Staatliche Schlösser, Burgen und Gärten Sachsen gemeinnützige GmbH, Schloss & Park Pillnitz.

Abb. 80 · Botanische Sammlungen der Technischen Universität Dresden, Pirna-Zuschendorf.

Abb. 81 · Staatliche Schlösser, Burgen und Gärten Sachsen gemeinnützige GmbH, Schloss & Park Pillnitz. Foto: Frank Speckhals.

Abb. 82 · Botanische Sammlungen der Technischen Universität Dresden, Pirna-Zuschendorf.

Abb. 83, 84 und 85 · Staatliche Schlösser, Burgen und Gärten Sachsen gemeinnützige GmbH, Schloss & Park Pillnitz.

Abb. 86 · Museen der Stadt Dresden - Städtische Galerie Dresden - Kunstsammlung, Inv.-Nr. 1980/k63.

Abb. 87 · Klassik Stiftung Weimar, Bestand Herzogin Anna Amalia Bibliothek. Aus: Jacob Ernst von Reider, Annalen der Blumisterei, Nürnberg und Leipzig, Erstes Heft, 1825. Foto: Sigrid Geske.

Abb. 88 · Staatliche Schlösser, Burgen und Gärten Sachsen gemeinnützige GmbH, Schloss & Park Pillnitz, Foto: Matthias Lüttig.

Abb. 89 · Archiv Stellmacher.

Abb. 90 · SLUB Dresden/Deutsche Fotothek.

Abb. 91 · Staatliche Schlösser, Burgen und Gärten Sachsen gemeinnützige GmbH, Schloss & Park Pillnitz. Foto: Peter Seidel.

Abb. 92 · Staatliche Schlösser, Burgen und Gärten Sachsen gemeinnützige GmbH, Schloss & Park Pillnitz. Foto: Klaus-Dieter Weber.

Abb. 93 · Staatliche Schlösser, Burgen und Gärten Sachsen gemeinnützige GmbH, Schloss & Park Pillnitz. Foto: Gabriele Goers.

Abb. 94 · Staatliche Schlösser, Burgen und Gärten Sachsen gemeinnützige GmbH, Schloss & Park Pillnitz. Foto: Klaus-Dieter Weber.

Abb. 95 · Foto: Uwe Meschke.

Abb. 96 · Staatliche Schlösser, Burgen und Gärten Sachsen gemeinnützige GmbH, Schloss & Park Pillnitz. Foto: Klaus-Dieter Weber.

Abb. 97, 98, 99 und 100 · Fotos: Uwe Meschke.

Titel: Der Pillnitzer Kamelienbaum. Foto: Staatliche Schlösser, Burgen und Gärten Sachsen gemeinnützige GmbH, Schloss & Park Pillnitz, Matthias Lüttig.

Frontispiz: Der Pillnitzer Kamelienbaum. Foto: Staatliche Schlösser, Burgen und Gärten Sachsen gemeinnützige GmbH, Schloss & Park Pillnitz, Wolfgang Friebel.

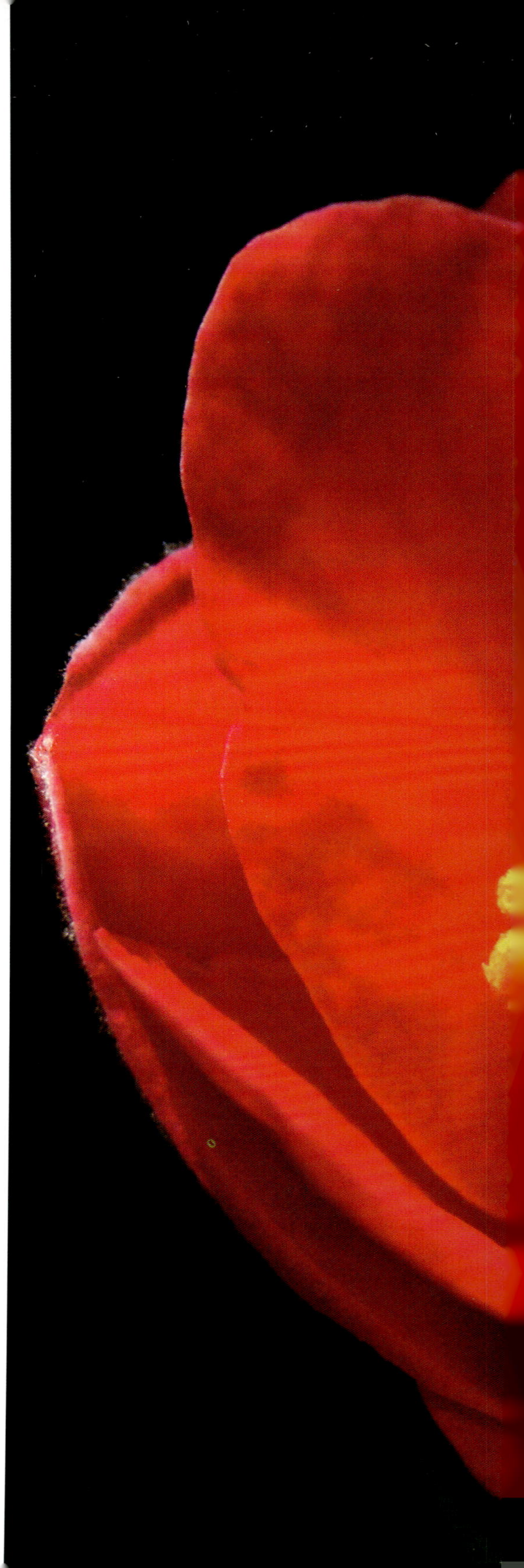

Impressum

Das Geheimnis der Kamelie

Herausgeber
Staatliche Schlösser, Burgen und Gärten Sachsen gemeinnützige GmbH · Schloss & Park Pillnitz
August-Böckstiegel-Straße 2 · D-01326 Dresden
pillnitz@schloesserland-sachsen.de
www.schlosspillnitz.de

Autor
Dr. Mustafa Haikal

Bild- und Textredaktion
Iris Kretschmann

Redaktionsschluss
24. 1. 2022

Recherche
Anne-Kathrin Winkler, Stephanie Jäger, Wolfgang Friebel

Gestaltung
Simone Antonia Deutsch, Sandstein Verlag

Satz und Reprografie
Sandstein Verlag

Druck
Westermann Druck Zwickau GmbH

Schrift
Corporate A, Corporate S

Papier
Profisilk 170 g/m²

Zitate und Bildunterschriften sind in der originalen Schreibweise wiedergegeben. Für den Inhalt zeichnen Autor und Redakteurin verantwortlich.

Die Deutsche Nationalbibliothek verzeichnet diese Publikation in der Deutschen Nationalbibliografie; detaillierte bibliografische Daten sind im Internet über http://dnb.dnb.de abrufbar.

2., leicht veränderte Auflage

www.sandstein-verlag.de
ISBN 978-3-95498-554-8